GRAVITARE

万有引力

U0381090

记录人类历史关键瞬间

NEW DARK AGE
Technology and the End of the Future

新黑暗时代
科技与未来的终结

［英］詹姆斯·布莱德尔（James Bridle） 著

宋平 梁余音 译

SPM

南方出版传媒

广东人民出版社

·广州·

图书在版编目（CIP）数据

新黑暗时代 / (英) 詹姆斯·布莱德尔 (James Bridle) 著; 宋平, 梁余音译.—广州: 广东人民出版社, 2019. 6（2022. 2 重印）
ISBN 978-7-218-13500-7

Ⅰ.①新⋯ Ⅱ.①詹⋯ ②宋⋯ ③梁⋯ Ⅲ.①互联网络—影响—社会生活—研究 Ⅳ.① TP393.4 ② C913
中国版本图书馆 CIP 数据核字 (2019) 第 067025 号

XIN HEIAN SHIDAI
新黑暗时代

[英]詹姆斯·布莱德尔（James Bridle）　著

宋平 梁余音　译

版权所有　翻印必究

出 版 人：肖风华
策 划 方：万有引力
责任编辑：钱飞遥
责任技编：周　杰　吴彦斌
出版发行：广东人民出版社
地　　址：广州市新港西路 204 号 2 号楼（邮政编码：510300）
电　　话：（020）85716809（总编室）
传　　真：（020）85716872
网　　址：http://www.gdpph.com
印　　刷：恒美印务（广州）有限公司
开　　本：890 毫米 × 1240 毫米　1/32
印　　张：10　　字　　数：200 千
版　　次：2019 年 6 月第 1 版
印　　次：2022 年 2 月第 3 次
定　　价：79.80 元

如发现印装质量问题，影响阅读，请与出版社（020-85716849）联系调换。
售书热线：（020）85716826

NEW DARK AGE

TECHNOLOGY AND THE END OF THE FUTURE

目　录

　　为什么打车软件变成了"杀人工具"？为什么有人担心新媒体正在解构人类的认知方式和知识体系？是谁允许手机掌握、使用、分享我们如此多的私人信息，就因为它够"方便"？科技看起来就像我们每天都在使用的 APP，操作简洁、界面清晰，然而我们与科技的真相之间，似乎一直存在着一道鸿沟，难以跨越……

　　科技，或者干脆说明白点——电脑，真的让我们的世界变得更清晰、高效了吗？当我们把一切都托付给电脑（手机）时，它又对我们做了什么？当我们把前进的方向交付给 GPS，它最终可能把我们带到沟里；"算法推荐"看似服务于我们的个人爱好，但反过来说，它也正在塑造和控制着我们的爱好……人类懒惰的天性让我们逐渐放弃了人的主观能动性，转而信奉"计算机思维"能解决一切问题。唯一的问题是：它真的能吗？

来看看全球变暖对于每个人而言最糟糕的结果是什么：一年将不再有四季；过高的气温造成的波动将让你的无线信号越来越不稳定；高温引起的晴空湍流加剧，会让你的飞机旅行变得越来越危险……如果这都还不算糟糕的话——当 CO_2 达到 1000ppm 时（已经快了），人类的认知能力会下降21%。还不明白吗？你变蠢了！

现在人人都在谈论大数据，至于它究竟是什么，大概没几个人能说的清楚，但这恰恰就是它的神奇之处：你不需要真的了解，只要不假思索地相信它就行了。我们的数据太多了，多到过剩。无论我们想要什么结果，只要挑选数据，排列组合，砰！真理就出现了！不需要理论支持，不需要建模检验，只管信就行了。我们总是倾向于相信简单的运算能够解释复杂的系统，科学界尚且如此，更不用说普通人了。

为什么优步显示我的周边有十几辆空车，我却总叫不到车？为什么我的 APP 总是跟我要位置信息授权？它明明就是个单机游戏而已呀！我不明白这背后的运作逻辑，但是那些科技公司明白。科技的复杂性难以被大众所了解，科技公司也就借此来掩盖他们的真实目的——你不懂，用就是了。但现在情况有点失控了：那些科技公司好像也不明白自己的技术系统在干什么，一条推特的假新闻就能在2分钟内让美股蒸发一千个亿，这可是真事儿！

第六章　认　知 // **145**

　　AI 的简单解释就是：在没有人工干预的情况下，自主解决问题。要做到这点，它首先需要学习。但是它的老师，也就是我们人类，本身就是充满着无知和错误的群体啊！所以 AI 在学习的时候，也会顺便把我们的缺陷——偏见、暴力、无知等等也一并学走了。面对这样一个智慧与愚蠢的结合物，你最好别太相信。至少得了解一下这个"学生"究竟在干什么吧！

第七章　共　谋 // **175**

　　斯诺登的爆料并没有让美国政府自我检讨，新的《美国自由法案》虽然被标榜为对斯诺登揭秘事件的法规层面的响应，但事实上保留了美国国家安全局的大部分权力，包括无限制地收集数据。维基解密希望让一切公开透明，而美国国家安全局只想揭开政治对手的秘密。实际上，两者都按照同一套行为哲学运转。"解密"真的能解决问题吗？

第八章　阴　谋 // **203**

　　很多 APP 都有推荐机制，你甚至不需要主动去搜索内容，通过智能算法的计算，系统会自动给你推送相关内容。很多人认为自己关注的是时下的热点，但那些只是数据系统认为你应该看的内容。这听起来不错——你可以只看你喜欢的东西，省去了搜索的时间，但是我们却在这个过程中变成了傻瓜，越智能就越固化，永远停留在了阅读的舒适区。

互联网深刻地改变了我们获取信息的方式，也改变了信息本身。看似精心制作的新闻、视频和节目背后，大多数其实并没有多少创意，人们利用大数据搜寻最热的关键词，挖掘观众的喜好（通常不太正面），再用低端的人工智能制作节目。无休无止的视频流、不停滚动的新闻推送，很有可能是算法生成的胡言乱语，或是为了赚取广告收入而精心虚构的"新闻"，麻烦的是我们根本分不清楚。从这个角度上讲，人工智能似乎带有反智的性质。

科技无疑会让人类的未来变得更好，但好莱坞科幻电影式的忧患意识也绝不是杞人忧天。技术手段本身也许是中立、不带偏见的，但当我们不假思索地使用它们时，总会带来很多负面效果，信息会演变成语言暴力，商业服务会附带上隐私侵犯，能源开发会带来毁灭性的武器变革……不论使用者是有意还是无意。我们应该相信未来的图景是阳光灿烂的，也应该警惕对新技术过于盲目的乐观，它是笼罩一切的阴云。

鸿沟
CHASM

"如果科技能够发明在紧急情况下与你取得联系的方法就好 1
了。"我的电脑一直重复着这句话。

一方面，2016 年美国总统大选结果令人大失所望，另一方面
或许是受到社交媒体上网友一窝蜂的影响，我和一些朋友们纷纷
重温美剧《白宫风云》（ *The West Wing* ）：绝望中的怀旧之举。
重新追剧于政事无补，不过我逐渐养成了看《白宫风云》的习惯，
不管是晚上、工作之余或是乘坐航班，没事就独自看上一两集。
我读到的最新的研究论文都是有关气候变化、全面监视以及风云
变幻的全球政治形势，所有这些都呈现出一派末日景象。这么说
来，看上几集千禧年代的新自由主义轻松室内剧也无伤大雅。一
天晚上，我正在看第三季的某一集，剧中巴特勒总统的幕僚长里
奥·麦加里因为参加嗜酒者互诫会而错失了处理某个紧急情况的

最佳时刻，正感到万分后悔。

"如果重回到半小时前，你会怎么弥补？"总统问。

"如果半小时前我能预知未来，"麦加里回答道，"那我再也不会参加嗜酒互诫会了，太奢侈了"。

巴特勒总统搂住麦加里，揶揄他说："我懂。如果科技能够发明在紧急情况下与你取得联系的方法就好了。类似于电话设备，有一个专属你的号码，我们可以打给你，让你知道我们当时多么需要你"，他伸手掏进里奥的口袋，拿出他的手机，"也许那玩意儿看上去就像摩托罗拉手机！"

电视镜头戛然而止——屏幕上的画面仍在继续播放，而我的电脑崩溃了，这句台词不断重复着："如果科技能够发明在紧急情况下与你取得联系的方法就好了！如果科技能够发明在紧急情况下与你取得联系的方法就好了！如果科技能够发明在紧急情况下与你取得联系的方法就好了！"

本书旨在探讨科技在危急之中试图向我们传达的信息。同时本书也将呈现什么是我们已知的、我们如何认知事物、什么又是我们无法知晓的。

上个世纪以来，日新月异的技术改变了我们的星球、我们的社会和我们自身，但是人类理解事物的方式依然如故。造成这一局面的原因纷繁复杂，其中尤为重要的一点是：我们本身就处在各种技术系统的"庐山"之中，这些系统影响着我们的思考和行为方式。我们无法抽离出来，离开它们独立思考。

科技成为了当今社会诸多问题的罪魁祸首：经济体系失控，

贫富差距进一步拉大，人民不堪其苦；在全球范围内，我们丧失了政治与社会共识，民族主义抬头，社会分化加剧，种族争端不断，影子战争频发；此外，全球变暖更是威胁着我们的生存。

无论是在科学与社会领域，还是在政治与教育、战争与商业中，新技术不仅仅使我们的能力得以增强，还积极地、或好或坏地塑造、引导着我们的能力。以全新的方式思考新技术、以批判性的眼光对待新技术显得日益必要，唯有这样我们才能够更有意义地发挥技术的塑造与引导的作用。倘若我们无法理解技术的复杂机理，无法理解各类技术系统互相连接的方式，也无法理解各项系统间的互相作用，那么我们面对技术就会显得力不从心，技术的潜力也将被自私的精英人群和冷酷无情的公司团体攫取。正是由于各类技术常以出人意料的奇特方式联合在一起，并且我们自身也深陷其中，我们对技术的理解就更加不能局限在其实际的效能上。我们必须对技术的原委一探究竟，弄清楚技术不为人知的、互相交织的功用。我们需要的不是理解，而是精通（literacy）。

真正的精通远不止简单的理解，我们应当从更多维的方式来理解、行动。对系统的理解应超越它的实用性，深入洞察它的背景与影响。精通意味着拒绝将任何一种系统的应用视为灵丹妙药，必须认清各个系统的互相关联性，同时坚信任何一种单一的解决方案都必然具有内在的局限性。精通不仅要求我们熟练掌握某项技术系统的语言系统，同时也需要我们掌握技术的"元语言"（metalanguage）。元语言指的是系统用于谈论自身、谈论与其他系统之间的关联性的语言。我们需要对元语言的局限、潜在用法以及滥用保持警惕。至关重要的是，元语言既能进行批判，又能回应批判。

一谈到公众对技术的了解程度普遍较低这个问题，人们就经常呼吁要加强技术教育，最简单的方法就是要学会编程。政客、技术人员、专家和商业领袖经常这样呼吁，但他们使用的是赤裸裸的市场化语言，强调技术的实用性一面：信息经济需要更多的编程工程师，年轻人要在未来的就业市场上立足（最好学点编程）。这是良好的开端，只不过仅仅学会编程是不够的。就好比仅仅学会安装水管道，还远远不足以让我们理解地下水位之间的复杂联系、理解政治地理学和基础设施的老化问题以及定义、塑造和维系日常生活保障系统的社会政策。仅仅停留在对系统的功能层面上的认识是不够的，我们必须学会思考系统的历史与影响：这些系统从何处来？是谁设计的？为什么而设计？这些设计动机中有哪些还潜伏至今？

对技术纯粹功能性的认知还会导致第二种风险，我称之为"计算思维"（computational thinking）。计算思维是某些所谓的"解决主义"（solutionism）的衍生。解决主义坚信任何既定的问题均能通过计算加以解决。不管我们面临怎样的实际社会问题，总有一款应用程序可以将其解决。但是解决主义同样具有局限性，这正是我们的科技所试图传达的。除此之外，计算思维预设了——通常在潜意识层面——一个前提：世界正是像解决主义者所主张的那样。计算思维内化了解决主义的核心要义，在这种思维主导下，我们思考世界、描述世界的方式只能通过计算得出。计算思维风靡全球，助长了我们社会的不正之风。要遏制计算思维，我们必须真正精通全局。如果说哲学在人类思想中负责无法被科学解释的部分，那么系统性知识（systemic literacy）则负责无法被计算的世界，同时我们必须承认世界不可避免地是由算法塑造、并被算法所充斥的。

我们也可从另一角度论证只"学会编程"的不足之处。我们不必成为"码农"才能理解各项技术系统，正如我们不必成为水管工才能如厕、才能对家中安装的水管系统高枕无忧。不过水管系统也不是没有崩溃的可能：复杂的计算系统构成了当代社会的众多基础，如果系统不能供人安全使用，那么从长远来看，即使人们认识到系统的危险也无济于事。

在本书中，我们将做些水管工的工作。但是我们应牢牢记住每个阶段中非水管工们的需求。我们常常难以设想、描述新技术的范围与规模，这意味着我们仅仅思考它们都很不容易。我们需要的不是新技术，而是新的隐喻：即描述由复杂系统所塑造的世界的元语言。我们需要一套全新的速记法则，承认并且能够应对现实的世界，一个人类、政治、文化与科技纠缠在一起的世界。这种纠缠有失公允、毫无逻辑且程度不均，但却覆盖全体，不可避免。无可争辩的是，网络世界已经让这种关联性变得清晰可见。事物与我们自身的相互关联亘古有之，但我们现在必须以全新的方式来思考这种关联。将互联网或者虚拟的新技术视为引起或者加剧鸿沟的元凶，这一做法不足取。由于找不到更好的词来描述，我暂且选用"网络"（network）一词表示人类与技术所共处的巨大的系统，网络系统的"一锅鲜"中包含着人类与非人类的能动性和理解，既包含着知，也包含着未知。鸿沟并不存在于我们与技术之间，它存在于网络本身，我们可以通过网络将它辨认出来。

最后，对系统性的精通还意味着允许批判、进行批判，同时乐于接受批判。我们将要探讨的系统至关重要，不应仅仅由少数阶层来思考、理解、搭建和颁布，特别是当这些少数阶层往往会勾结、攀附旧派精英和权力结构。我们每天会面对众多复杂的系统，大部分系统的构建与描述都缺乏透明性，全球根本性的不平等、暴力、民粹与原教旨主义等问题都与此息息相关。新技术常被视为具有内在的解放力量，这种看法本身就是计算思维的范例，我们都难逃其咎。那些新技术的先期试验者与拥趸们都尝到了甜头并从中获益。他们因此天真地大力支持新技术的广泛应用。然而，如果不加甄别地启用新技术，他们将身陷危险之中。对新技术的批评不能仅仅因为它使某个个体遭受损害，也不能仅基于对弱势群体的同情。网络世界中，个人主义和同理心是不够的。在缺乏理解的情况下，我们必须生存下来，团结在一起。

人类并非全知全能，但是我们可以思考。在一个新的黑暗时代，生存的关键是：思考，但从不宣称能够（甚至试图）洞悉事物的全部。因为在本书中我们将看到，很多时候事物是不可知的。只要我们不迷信不盲从，科技就可以成为人类思考的向导与助手。电脑的发明不是提供答案，而是我们提出问题的工具。本书全篇会多次论证，系统化地深入了解某项技术常常能使我们改写技术所内含的隐喻，并帮助我们寻找新的思考路径。

早在 20 世纪 50 年代，一个新的象征符号悄然兴起，出现在电气工程师绘制的图表中，用于描述他们新建的各个系统。这一符号有时是毛茸茸的圆圈，有时是蘑菇状，有时又长得像思想气泡。最终它定型为"云"。我们需要知道的是：无论工程师研究的是什么课题，都能够与这片"云"发生关联。"云"的另一端可以是能量系统，可以是数据交换中心，也可以是其它计算机网络，不一而足。这都无关紧要。"云"是种降低复杂性的方法：它能够让人专注于眼下而不必担心远处。随着时间的流逝，各个网络系统越变越大，联系越来越密切，"云"就变得越来越重要。人们根据"云"来定义各项更小的系统：取决于它们与云的关系如何，与"云"交换信息的速度以及在"云"中能提取什么。"云"变得越来越有重量，变成了资源，"云"开始无所不能，充满能量与智慧。"云"成了商业中的时髦术语和一大卖点。它不再仅仅是工程计算中的简略表达，而升级为某种隐喻。

现在，"云"是因特网的核心隐喻：一个强有力的全球系统，仍保持着这一隐喻本体与精神的光晕，然而我们几乎不可能掌控它。我们与"云"关联在一起，在"云"中工作，存储并检索信息，并通过"云"进行思考。我们付费使用"云"系统；只有"云"崩盘的时候我们才意识到有多离不开它。我们无时无刻不在"云"中，却从未真正理解"云"意味着什么，"云"是如何运作的。我们习惯依赖"云"，却不清楚我们将什么交给了"云"托管，"云"又托管给我们了什么。

另一方面，批评的声音称"云"是糟糕的隐喻。如果我们找到寻找"云"的路径，"云"并非是无重量、无形态、不可见的。"云"不是存在于神奇的遥远国度，也不是由水蒸气和无线电波构成的自洽体。相反，"云"是具有物质实体的基础设施，由电话线、纤维光学、卫星、海底电缆、电脑仓库等共同构成，"云"消耗着大量的水资源和能源，居留在国家与司法管辖区内。"云"

是新型工业形式，它不仅仅投掷下阴影，还拥有自己的足迹，它如饥似渴地吞噬着原本担当着重任的市政高楼大厦，以前人们在里面购物、存款、社交、借书、投票。"云"让这些功能变得更加隐匿，不再显眼，不利于人们对其进行批评、调查、维护或者监管。

另一种批评的声音称这样的做法是故意为之。理由冠冕堂皇，国家安全、企业机密、玩忽职守都可以是隐匿"云"的真实面目的原因。"云"使我们丧失了主体性和主权，我们大部分的邮件、照片、状态更新、公务文件、图书馆和投票数据、健康记录、信用评分、点赞、回忆、经历、个人喜好和不可言说的欲望都储存在"云"里，在别人的设备中。因此，谷歌和脸书（Facebook）要在爱尔兰（低赋税）和斯堪的纳维亚半岛（能源和制冷成本低）建立数据中心；后殖民时代的全球霸主国家仍不愿放弃诸如英属迪戈加西亚岛（Diego Garcia）和塞浦路斯之类的争议领土，因为这些都是"云"着陆的地区，其含混暧昧的现状仍具有利用价值。"云"委身适应并进一步强化了权势的现有地貌。"云"是权力关系，大部分人都身处底层。

这些批评都不是空穴来风。审视"云"的方式之一便是观察它投掷下的阴影，考察数据中心和深海电缆，探究当今权力的真实运作方式。我们对"云"进行剥皮去籽、压缩变形，迫使它供认不讳，将它的秘密和盘托出。了解"云"的意象如何隐匿技术真实的运作情况，我们才能理解技术隐藏自身的众多方式，无论是通过复杂的机器设备、令人费解的编程公式，还是物理距离、法律构架等等。唯有这样，我们才能窥见权力的运作，而早在"云"

和黑匣子的发明之前，权力就早已通过这样的方式隐藏自己。

我们虽然分析了"云"的功能性视像，追溯了"云"的权力特征，但除此之外，我们能否让"云"这一意象产生新的隐喻内涵呢？"云"的意象除了能够象征着人类洞察力的失败，是否也能暗示我们对这失败怀有自知之明？我们能否用"云思维"（cloudy thinking）代替"计算思维"？能否承认人类的无知，并将"无知之云"幻化为丰腴之雨？早在 14 世纪，一位无名的基督教神秘主义作家曾讴歌过横亘在人类与上帝之间的"无知之云"，称其是善良、正义和义举的化身。"云"无法被人类智性穿透，相反，它预示着思想的放逐与废置，追求此时此刻而非预先设定的未来。"去追求体验吧，而非知识，"他敦促道，"知识的虚妄会欺骗你，而这份温柔可爱的情感却不会。知识滋生傲慢，但是爱在努力建造。知识让人心力交瘁，爱让人灵魂休憩。"[1] 正是这片"无知之云"，我们试图用计算机去征服它，却在不断尝试的现实里屡屡受挫。云思维拥抱未知，能够教我们从计算思维的钳制中恢复，这也是网络世界对我们提出的时代要求。

"网络"一词最伟大的表意特征就在于它没有单一的、固定的内涵。没有人特意创造了网络，也没有人特意创造了因特网——网络的最佳范例。通过公共项目或私人投资，个人关系或技术协约，通过钢铁、玻璃和电，通过物理空间或理念空间，不同的系统和文化经年累月地发生关联。作为回馈，网络表达了我们最卑贱也最崇高的理想，最平庸也最激进的渴望，我们作为网络的缔造者却无法拥有先见之明。没有需要解决的问题，唯有共同的事业：一代又一代新兴的工具对应着一代又一代的人。对网络的思考揭示出计算思维的不足之处，同时也展现了万物的无穷无尽、相互关联。我们需要不断重新思考，反思网络的重量与平衡、意图、失败、定位、责任、偏见和可能性。网络教会了我们一句话：一个都不能少。[2]

迄今为止，我们思考网络时最大的误区是预先假定网络行为具有内在性与必然性。我所说的内在性是指在我们的观念中，我们总是非常虚无地认为网络产生自我们的造物之中，并不需要人类行为的参与。我所说的必然性是指我们深信技术、历史进步的直线发展，不以人类意志为转移。近年来，线性发展观仍遗留在人们头脑中，虽然不断有社会科学家和哲学家纷纷提出质疑。相反，它摇身一变，渗入到技术中，深信机器能够让美梦成真。我们不再反对线性发展观念，转而落入到计算思维的鸿沟之中。

过去几个世纪以来，这股巨大的进步潮流成为启蒙运动的核心要义：人们相信更多的知识和信息能够让人类做出更好的决策。人们在追求"更……"的路上越走越远。尽管遭到现代性与后现代性的猛烈抨击，这一核心信条仍然主导着人们目前的实践活动，也定义着新技术开创的未来图景。初期的因特网总是被称为"信息高速公路"、知识的电导管，在光学纤维电缆闪烁的光中照亮世界。我们只要轻轻一敲键盘，便可获得任何信息，这是当时流行的观念。

然而我们今天发现，人类掌握了巨大的知识库，却仍然没有学会如何思考。事实上，世界本应当被照亮，却变得愈发黑暗。通过互联网，我们可以获得海量的信息、多元的观点，然而却没让世界变得清晰明确，相反，基要主义盛行于世，充斥着简约化

的叙事、阴谋理论和后事实主义政治[1]。"新黑暗时代"的提 11
出正是基于这一矛盾性。生活在新黑暗时代,知识的传统价值被
消耗殆尽,变为廉价易得的商品。我们正寻找理解世界的新方法。
1926年,H.P.洛夫克拉夫特[2]写道:

> 我认为人世间最慈悲的事情就是人类思想无法关照一
> 切。我们生存在平静的无知岛屿上,被广袤的黑暗海域包围。
> 这并不意味着我们无法启帆远航。科学在各个方向上的极力
> 伸展迄今还未伤害到我们。但是,终有一日,破碎零落的知
> 识将拼接在一起,为我们开辟出骇人的现实景象,让我们认
> 清人类战栗的处境。到那时候,我们要么在真相面前丧心病
> 狂,要么仓皇逃离这死亡之光,遁入新黑暗时代的平静与安
> 详之中。[3]

如何理解与思考我们在世上所处的位置、与他人和机器的关
系会最终决定科技是会让人类陷入疯癫的魔咒,还是会带来平静
的福祉。我所说的黑暗不是字面意思上的黑暗,也不是指知识的
缺席或晦涩,这是关于黑暗时代的一般想象。我们表达的不是虚
无主义和绝望的情绪。相反,黑暗预示着人类当前危机的本质以
及其中潜藏的机遇。现在我们无法看清前方,无法采取有意义的

---

[1] 后事实主义政治(post-factual politics):由美国新右翼领军人物理查德·斯宾塞(Richard Spencer)提出,指的是在当今社会中人们接纳、吸收观点时更容易受到情绪或信仰的影响,而并非基于事实或真相本身。——译者注

[2] H.P.洛夫克拉夫特(Howard Phillips Lovecraft,1890—1937),美国科幻、恐怖小说家,著有《疯狂的山下》《克苏鲁的呼唤》等。——译者注

行动，无法做到独立和公平。承认黑暗的存在，我们才能循着另一道光束寻找新的出路。

第一次世界大战阴霾深重之时，弗吉尼亚·伍尔夫在 1915 年 1 月 18 日这天的私人日记中写道："未来是黑暗的，然而我想黑暗大概是未来最好的样子。"正如丽贝卡·索尼特（Rebecca Solnit）所评论的："伍尔夫说的太棒了，她相信未知不必通过人类虚假的预测或冷冰冰的政治与意识形态话语的投射转变为已知。这是对黑暗的讴歌，'我想'二字暗示了伍尔夫甚至对自己的论断都情愿保留不确定性。"[4]

唐娜·哈拉维（Donna Haraway）进一步阐述了这一思想，[5] 她指出这在伍尔夫 1938 年出版的《三几尼》（*Three Guineas*）中一书中再次得到了确认：

> 我们必须思考。让我们在办公室里思考；在公共汽车上思考；在人群中站着观看加冕典礼和市长就职游行时思考；让我们在经过阵亡纪念碑时思考；在白厅[1]中、在下议院的大厅里、在法庭之上思考；在参加受洗、婚礼和葬礼时思考。让我们的思考从不停止——思考我们身处之中的"文明"到底为何物。这些仪式是什么，我们为何去参加仪式？这些行当都是什么，我们为何能从中牟利？这些有教养人士的游行到底能引我们向何处？[6]

---

［1］　白厅（Whitehall）：英国伦敦市内的一条街，连接着议会大厦和唐宁街。在这条街及其附近有国防部、外交部、内政部、海军部等英国政府机关。——编辑注

伍尔夫小说中描述的游行和典礼体现了当时的阶级和社会矛盾。根深蒂固的等级差别和不公，至今都有增无减。然而如今思考这些问题的场所发生了改变。观看 1938 年伦敦市长就职典礼和巡游的市民们如今分散在网络世界的各个角落。同样，供人们瞻仰的大厅、场所则移至各大数据中心和海底电缆中。我们无法不对网络进行思考；我们只有通过它思考，才能与它共处。当它在紧急情况下试图向我们传达信息时，请侧耳倾听。

本书绝不是与科技针锋相对，这样做将会是与自己为敌。相反，我们鼓励人们更关照科技、与科技互动，并以一种全新的方式来诠释思考、认知世界的可能性。作为工具，计算系统凸显了人性中最具力量的方面：即我们在现实世界中通过采取有效行动去达成意愿的能力。但是发现和表达出这些意愿，并保证其不会损害、僭越和抹除他人的意愿，这仍是我们的特权。

科技不仅仅是制造、使用工具，它同时也生产隐喻。在工具的制造中，我们把对世界的某种理解实体化，并通过这样的具化，使我们能够在那个世界中实现某种效果。因此这成为我们理解世界的另一动人部分，即便这常常以一种无意识的方式发生。所以我们可以说这是一个隐藏的比喻：实现了某种输送和传递，但同时又是一种裂变，将一种特定的想法或思想方式落地化成一种工具，无需思考就能将其激活。重新思考要求我们对工具加以复魅（re-enchant）。当前的论述只是这一复魅过程的第一部分，一种重新思考工具的尝试，这并不一定意味着重新定位或重新定义，而是一种对工具的缜密思考（thoughtfulness）。

俗话说，手中有锤，万物皆钉。但这却要求我们将锤子抛在

13

脑后。如果理解得当，锤子就会有许多用途：它可以拔钉子，也可以钉钉子；可以锻铁、雕刻木石、敲开化石、固定攀岩绳的支点。它能用于法庭判决、维护秩序，也可以在体能竞技中被投掷。如果被某个神灵使用，还可以呼风唤雨。敲击托尔的"雷神之锤"（Mjölnir），天地间就会电闪雷鸣。受到雷神之锤的启发，我们制造出了锤子形状的护身符，用以保护护身符的主人不受雷神愤怒的伤害；由于护身符形状与十字架颇为相似，也可以防止信徒被强制改宗。后世耕犁时翻出来的史前锤子和斧头被称为"雷石"（Thunderstone），人们认为雷石是在暴风雨中从天而降。因此，所有这些神奇的工具都变成了神奇的器物：当它们褪去了原初的功能，这些工具就拥有了新的象征性意义。我们必须复魅我们的锤子（和我们所有的工具），让它们更像雷神之锤和雷石，而不是木匠手下的锤子。

14

科技也不是人类凭空制造出来的。正如我们的生存必须依靠细菌、谷物、建筑材料、服饰和伴生物种，科技也得依靠非人造物质的给养。高频率交易的基础设施（我们将在第五章中讨论）以及被这些基础设施所促进和定义的经济系统，会受到硅和钢等材料的限制，也受到穿透玻璃时的光速的影响，甚至青蛙、飞鸟和松鼠都可以对其造成影响。从石头到小虫，它们可以阻断我们的交流和能源线路，也可以使之成为可能；可以让线路疏通，也可以让它短路。因为有这些非人类因素的操控，科技才成为了我们宝贵的经验。

理性看待这种关系，我们便能发现技术的内在不稳固性：技术会在短暂的一段时间内与其他某些具有不稳定属性的物质和生命发生联系、产生共鸣。简言之，这就是技术的云特征。作为示例，在本书第三章中，我们将研究计算材料如何随着环保压力，不断变化成本：时令不同，千差万别。技术往往被赋予稳固的光晕：理念一旦在具体事物中定型就变得坚不可摧，固定下来——锤子或许能将其再次劈开。只需复魅少许工具，我们就能认识到在丰富多彩的现代日常生活中，（工具的云特征）无所不在。对世界"真相"的"揭示"应当保持一定距离，才能让我们重新思考这个世界。事实上，"保持一定距离"是本书多次重申的主题，因为与物体保持一定距离才能让我们打开思路，望向远处。唯有如此，才能超越直观认识，展望未来。

本书开篇就提到，以全球变暖为例，科技在全球范围内产生了广泛的影响，影响到我们生活的方方面面。人类没能认识到，这些发明创造可引发一系列大震荡，后果很可能是灾难性的。同样的，科技扰乱了事物的秩序，我们曾天真地以为那是事物的自然秩序。科技要求我们必须以全新的方式理解世界。但是本书的另一主旨是：我们尚未全盘皆输。如果我们能够找到新的思考方式，就可以重新理解世界，并有所改变。正如我们现行的理解世界的方式起源于科学发现，我们的反思也必须围绕技术发明，它们才是世界复杂纷争、矛盾重重的状态的真实写照。技术是人类自身的延展，它为机器设备、为我们的知识与行为体系编码，并提供了一个更真实世界的模板。

我们习惯将黑暗视为危险之境，甚至是死亡之境。然而，黑暗也同时孕育着自由、公平和各种可能性。对于许多人来说，我们这里谈论的内容十分浅显，因为这些人一直生活在让特权阶级望而生畏的黑暗之中，但我们需要向未知学习的东西太多了，不确定性可以让我们收获颇丰，叹为观止。

人与人之间最终的、至关重要的鸿沟是能否承认并表达现状。毋庸置疑，新黑暗时代面临着真实而直接的生存难题，其中以全球变暖和生态失衡最为明显。此外，人类正日益丧失共识，科学不尽如人意，未来不可预测。不管是在公共领域还是私人领域，人们被恐惧感支配，一切都预示着失序与暴力。在不远的将来，收入差距加大，人与人之间的沟通和理解变得越来越困难，这都会酿成恶果。一切都有着千丝万缕的联系，皆因我们思虑不周，有口不言。

16　　　书写新黑暗时代肯定不是件令人高兴的事，尽管我常用希望冲淡不悦。写作迫使我们说出不愿说出的事实，思考我们不愿思考的问题。这往往让人陷入空虚绝望。但假若我们不那样做，那么我们就无法认清世界的真实面目，从而一直生活在幻想和抽象之中。想想我们跟朋友一起聊天，如果我们百分之百的坦白诚实，结果往往会令彼此感到毛骨悚然。讨论现在的紧迫问题有失体面，让人深感无助，但我们不能因此惧怕思考。现在我们不能再让彼此失望了。

第二章

计 算
COMPUTATION

 1884 年，艺术评论家兼社会思想家约翰·罗斯金（John 17 Ruskin）在伦敦学院以"19 世纪的暴风云"（The Storm-Cloud of the Nineteeth Century）为题开展了一系列讲座。2 月 14 日至 18 日的晚上，他回顾了古典艺术与欧洲艺术中有关天空和云彩的描绘，翻阅了登山爱好者攀登他所挚爱的阿尔卑斯山的回忆录，分享了他对 19 世纪末南英格兰天空的观察。

 在这些讲座中，罗斯金称天空中出现了一种新型的云。他称之为"暴风云"（storm-cloud），又叫"瘟疫云"（plague-cloud）：

    此前直到晚近以来，从未有人见过。我所阅读过的古典作品中也从未有过相关描述。荷马、维吉尔、阿里斯托芬、贺拉斯从未承认朱庇特创造出过这样的云。乔叟、但丁、弥尔顿、汤姆森也对此只字未提。现代以来，司各特、华兹华斯、拜伦都对此毫无察觉。观察敏锐、妙笔生花的科学家索绪尔也对此三缄其口。[1]

罗斯金对天空进行了"长期细致的观察",他得出结论:在英国和欧洲大陆地区出现了一种全新的云,这种"瘟疫云"带来了新的天气。他在 1871 年的日记中写道:

天空中乌云密布——不是雨云,而是干涩的黑色面纱,阳光无法将其穿透,弥漫在薄雾中,雾色朦胧令人无法看清远处的物体。它没有实体,没有形状,也没有自己的色彩……

我对这可怕的东西闻所未闻。我已年过半百,自五岁起,我生命中最好的时光定格在春日的阳光和夏日的清晨中,但我从未见到过这样的景象。

科学界人士一直以来就兢兢业业地研究太阳、月亮、七大行星。我相信他们也许能够给我讲讲天体的构成和运动。

就我自身而言,我根本不在乎天体的构成和运动。我既无法改变天体的运动轨迹,也不能改善其构成的成分。不过我很愿意听听专家们给我讲讲这些倒霉的风是从哪儿吹来的,是怎么形成的。[2]

他继续记录下一些类似的观察:骤起的狂风、遮天蔽日的乌云、肆虐他的花园的漆黑大雨。尽管他承认(后来的环保人士经常引用他在这方面的言论),这些地区矗立着大量的工业烟囱,但他主要关注的是这种云背后的道德问题。在罗斯金看来,这类云产生的地区大都战乱频繁、社会动荡。

"你问我该如何是好。答案很简单：尽人事，听天命吧。"[3]正如罗斯金的"瘟疫云"，我们描述世界所用的隐喻塑造了我们对世界的认识。现在，其他类型的云（也常常肇始于是非之地）为我们提供了思考世界的方式。

罗斯金详尽阐释了暴风云是如何影响光的，因为光在他那里 19
同样具有道德意义。在他的讲座中，他论证了"要有光"（*fiat lux of creation*）——《圣经·创世纪》上帝说"要有光"的时刻——同时也是"要有生命"（*fiat anima*）。罗斯金称，光"点亮了人类视线与智力"。我们所见之物不仅决定了我们思考什么，也塑造了我们思考的方式。

更早几年，在1880年，亚历山大·格拉汉姆·贝尔最先演示了光电话（photophone）的使用。光电话是电话的姊妹发明，它首次实现了人类声音的无线传播。将光束照射在反射面上，当人对着听筒讲话时，反射面会随之震动，原始的光伏电池接收到振动信号，将光波转化为声波。通过光线电话，贝尔能够仅靠光就让自己的声音横穿华盛顿特区的屋顶，传播到200米开外的地方。

在电气照明普及之前，要将光线传送到反射面上，必须得保证晴空万里。这意味着，声音传播质量的好坏取决于天气状况的优劣。贝尔兴奋地写信给父亲："我听到阳光发出的声音了！我听到光束大笑、咳嗽和唱歌了！我听到影子的声音了！我耳边还闪过了云被太阳遮住的声音。"[4]

当时人们并不看好贝尔的这项发明。来自《纽约时报》的一位评论员对此嗤之以鼻，他怀疑人们能否将"一束光线"挂在电线柱上，是否需要对光线做绝缘处理："除非我们看到有人能背着第 12 号光线在街上走，从这根电线杆挂到那根电线杆，否则我们很难相信贝尔先生的光电话。"[5]

今天我们当然能看到一排排光线陈列全球，然而第一次使用光作为复杂信息的传载体正是贝尔的发明。正如这位评论员不经意间提到的，我们只需将光绝缘就可使其跨越令人难以置信的距离。今天，贝尔的光通过光纤电缆横穿海浪并控制着全球的信息集合。光让庞大的计算设备整合在一起，操纵并管理着我们的生活。在网路中，罗斯金所说的"要有光"就是"要有生命"的观点再次得到了印证。

通过机器思考早于机器本身的出现。微积分学证明，在找到问题的实际解决办法之前，我们就可以把握问题。遵循此法，如果将历史看成这样的问题，我们也能够将其转化为数学方程式，演算解答，得出未来。这是 20 世纪早期计算思想家的信条，时至今日仍潜藏在人们的潜意识中，我们依然对此深信不疑。探讨这一信条是本书的主旨。现在，计算思维的新载体是数据云，它的故事还要从天气说起。

1916 年，数学家刘易斯·弗雷·理查森[1]在一战西线战场服务。作为一名教友派信徒，他是坚定的反战派，因此他加入了教友派组织的"盟友救护小组"（Friends' Ambulance Unit）。艺术家罗杰·彭罗斯（Roger Penrose）、哲学家兼科幻小说家奥拉夫·斯

---

[1] 易斯·弗雷·理查森（Lewis Fry Richardson, 1881—1953）：英国数学家、物理学家、气象学家，以数值方法进行天气预报的先驱。——译者注

特普里顿（Olaf Stapledon）也是该小组成员。连续数月来，在战斗与休整期的间隙中，理查森在法国和比利时阴暗潮湿的村舍里第一次通过数值运算成功计算出完整的气候气象状况。这是世界首例计算得出的天气预报，当时并没有使用计算机设备。

战争爆发前，理查森是位于苏格兰西部的远程气象站埃斯克代尔缪尔天文台（Eskdalemuir Observatory）的负责人。随他奔赴战场的资料中就有全欧洲数百位观测员提供的完整天气情况报告，这些报告刚刚在1910年5月20日汇编完成。理查森相信，根据多年的天气数据，应用一系列复杂的数学运算，他可以在数值上将当前的观察推进一步，从而预测天气在连续数小时内的变化状况。为了达成目标，他绘制了数列计算表格，对气温、风速、气压等信息分门别类。单这项工作就耗费了他数周时间。他将欧洲大陆切分成同等面积的观测单元，在他的"办公室"——"寒冷军营中的一块干草堆上"[6]——中亲手用纸笔进行演算。

最终演算完成之后，理查森根据实际观测数据检测了他的预报，他发现计算得出的数据远远高于实际观测数据。尽管如此，他的思路是正确的：将世界划分为网格、通过数学运算得出每格的气象值。只是当时的技术水平无法跟上天气变化的规模和速度，理查森的这一理念也无法得到践行。

在1922年出版的《数值工序中的天气预报》（*Weather Prediction by Numerical Process*）一书中，查理森总结回顾了他的计算方法，提出了在当时的技术水平下如何进行更有效的数值运算。在这个实验中，"计算机"仍然需要依靠人脑运行，不过我们今天理解的数字计算的抽象概念已经初具模型：

21

我们进行了那么多理性分析，现在何不休憩片刻，幻想一番？想象一间类似剧院的大厅，只不过大厅中没有舞台，只有柱子和走廊。四面墙体上画的是世界地图：天花板代表北极地区；英格兰正好在走廊的位置；热带地区位于上层观众席；澳大利亚在二楼第一排，南极在正厅后排。

无数计算人员各司其职，管理他所在地区的天气，每一位计算人员仅负责一处的方程式。每一地区的工作分别由一名高级官员进行监管。无数"夜间标志"展示着瞬时值供临近地区的计算人观看。因此，一项数据将会在三个毗邻的地区进行展示，使地图上的南北保持畅通。

正厅后排的地板上耸立着一根高大的梁柱，有半个大厅那么高。梁柱上方是一个巨大的讲台，讲台上坐着一名男子，他是整个剧院的头儿，身边簇拥着助手和通信员。他的职责之一是保持各地进程速度一致。这方面来看，他就像乐队总指挥，他指挥的乐器是计算尺和计算机器。但是他挥舞的不是指挥棒，如果有的地区超速，他会拿玫色光束照射它；如果有的地方落后于其他地区，他则用蓝色光束照射它。

讲台上四位高级职员正在全速搜集未来天气资料，然后由气动传输管输送到安静的房间中，最后再进行编码、远程传送至无线电发射站。通信人员将大量填写完的计算表格存储到地下室的仓库中。

隔壁是研发中心，负责对系统进行改善。想要改革剧院的复杂的日常运作模式，必须要先进行大量的小型实验。

地下室中一位科研爱好者正在观察一个旋转大桶中的液线漩涡，但这种方法还是比不上计算。另外一栋建筑里的工作人员负责普通的账目核算、通信和行政事务。外面是球场、别墅、远山和湖泊，因为人们坚信计算天气的人应当呼吸到自由的空气。7

在这份报告的前言中，理查森写道：　　　　　　　　　　　　23

　　也许有一天，在遥远的未来，我们计算的速度能够超越天气变化的速度，并且成本低廉。但是那只是个梦想。8

在接下来的 50 年里，这依然是个梦想。梦想成真得益于军事技术的应用，而这却是反战人士理查森不愿看到的。战争结束后，为了继续他的研究工作，他加入了气象局。1920 年，当气象局由英国航空部接管时，他辞职了。数值天气预测的研究因此被搁置了许多年，直至二战期间才重新启动，这时人类计算能力获得了爆炸式增长。战争刺激了各国政府对科学研究的财政支持，人们认识到科技应用的紧迫性，但许多棘手的问题也随之而来。在这个新兴网络世界，知识生产系统迅速扩大，海量信息喷涌而至，将我们淹没。

工程师、发明家范内瓦·布什[1] 在 1945 年发表于《大西洋月刊》上的《诚如所思》（As We May Think）一文中指出：

―――――――

[1]　范内瓦·布什（Vannevar Bush，1890—1974）：美国二战期间科学家、工程师、被誉为"信息时代教父"。——译者注

研究工作堆积如山。然而越来越多的证据表明，随着专业化分工的发展，我们正在陷入泥潭。同行们的科学发现和结论让研究者瞠目结舌，但他没有时间去消化，甚至去记住。但是专业化分工对人类进步事业日益重要。因此，任何想要打破学科边界的努力都显得浅薄无知。[9]

二战期间，布什供职于美国科学研究发展局（US Office of Scientific Research and Development），那里是当时进行军事研究和发展的主要基地。他是"曼哈顿计划"———项二战期间绝密研究工程的创立者之一，帮助美国造出了原子弹。

针对上述问题——信息泛滥、科学研究的毁灭性后果，布什提出了解决方案，一个他称之为"Memex"[1]的装置：

> Memex可供人们存储所有的图书、记录和通讯，一切信息都实现了自动化，人们可以很方便快捷地进行检索。它是人类记忆的私人扩展。它是一张书桌，或许能远程操控，但主要还是人们伏案工作的家具。桌子上面斜挂着透明的大屏幕，用于信息投影，方便人们阅读。键盘、按钮和操纵杆一样不少。除此之外它看上去就像一张普通的桌子。[10]

事后想来，布什实际上就是在畅想一台网络化的电子计算机。他的伟大洞见在于将跨学科的诸多发明成果——电话制造业、机

---

[1] Memex：即Memory-Extender，存储拓展器。——编辑注

器加工、摄影技术、数据存储和速记等——整合到一台 Memex 存储器中。将时间本身纳入这个矩阵，就产生了我们今天所定义的超文本概念：将多维文本以多种方式整合在一起，并在网络知识领域创建新的联系，"全新面目的百科全书即将诞生，一系列足迹在其中交织成网，随时都能容纳到存储器中，Memex 随之日益壮大。"[11]

乐于钻研的人很容易能在这样的百科全书中获取知识，这不仅增强了科学思维，也可以使其有所克制：

> 科技应用为人类建造了设施齐全的房子，教会人们健康地生活。科技赋予人类使用残酷武器同室操戈的能力，但也让他们能够真正吸收知识、收获智慧。也许人类在谋得利益之前就在争端中灭绝了。若是任由科技发展满足一己之私，世界将会变成悲剧的舞台，文明停滞不前，前景惨淡。[12]

科学家约翰·冯·诺依曼[1]是布什在"曼哈顿计划"的同事之一。诺依曼对信息的海量生产、人们对信息的贪婪需求表达了类似的担忧，而他对预测乃至控制天气怀有同样的兴趣。1945年，他偶然发现了一篇题为《天气建议大纲》的油印文章，作者是美国无线公司（RCA）的研究员维拉蒂米尔·斯福罗金[2]。二战期间，诺依曼作为"曼哈顿计划"的顾问，多次前往位于

---

[1] 约翰·冯·诺依曼（John von Neumann, 1903—1957）：美国数学家，原籍匈牙利，博弈理论的先驱，著有《博弈论和经济行为》《计算机与人脑》等。——译者注

[2] 维拉蒂米尔·斯福罗金（Vladimir Zworykin, 1899—1982）：俄裔美国发明家、工程师，电视技术的发明者。——译者注

新墨西哥州洛斯阿拉莫斯（Los Alamos）的秘密实验基地。1945
年7月，他见证了第一颗原子弹的爆炸，其代号为"三位一体"
（Trinity）。诺依曼是在"三位一体"实验中使用内爆法以及投
放在长崎的那颗"胖子"原子弹的主要倡议者。他设计了聚焦爆
炸所用到的临界透镜。

同范内瓦·布什一样，斯福罗金也认识到了新型计算装备的
信息搜集、提取能力，辅之以现代电子通信系统，人类便能够对
大量数据进行实时分析。但是他关注的不是人类知识生产，而是
26 在气象学上的应用。通过对多家不同区域的气象站所提供的天气
报告进行整合，我们可以随时建立反映气候状况的精准模型。这
种绝对精确的机器不仅能够显示天气信息，而且能基于以往的模
式预测天气。干预天气则是水到渠成的事儿了：

> 我们的最终目标是实现工具的全球化管理，将天气现象
> 看作全球现象，以此传输全球的天气，覆盖越全越好。将自
> 然灾害造成的损失降到最低，使全世界在最大程度上改善气
> 候状况并从中获益。这种全球化管理将促进世界和平，世界
> 人民在这一问题上团结一致，追求和平成为科学研究的动力。
> 不难想象，这项工程对世界经济产生的广泛益处将有助于和
> 平事业。[13]

1945年10月，诺依曼写信给斯福罗金称："我完全同意你"。
斯福罗金的这项提议与他从"曼哈顿计划"中获得的认识完全一
致。"曼哈顿计划"的研究项目包罗万象，并依赖复杂的物理模

拟实验来预测真实世界。他在日后被视为计算思维创建宣言的文章中表示："一切稳定的进程，我们都能预测！一切不稳定的进程，我们都能控制！"[14]

1947 年 1 月，诺依曼和斯福罗金一起参加了美国气象协会和航空科学学院在纽约举办的联合会议。斯福罗金的发言"谈谈气候控制的可能性"紧跟在诺依曼的发言"高速计算在未来气象学上的应用"之后。次日，《纽约时报》以《定制天气》为标题对 27 这次会议进行了报道。文章称，"如果斯福罗金博士说的没错的话，未来的天气制造者会是计算机器的发明者"。[15]

1947 年，正是诺依曼本人发明了世界上第一台计算机器，而他早在两年之前就在普林斯顿建立了电子计算机项目。该项目以范内瓦·布什 20 世纪 30 年代在麻省理工学院研发的模拟计算机——布什微分分析器为蓝本，加入了诺依曼本人的构想，旨在建造第一台通用电子计算机：即电子数字积分计算器（ENIAC）。电子数字积分计算器于 1946 年 2 月 15 日诞生于宾夕法尼亚大学，最初用于军事目的。它的设计用途是为美国军队弹道研究实验室计算大炮射表，但前几年时间大都奉献给了预测第一代热核原子弹的热量。

像布什一样，诺依曼后来也深深忧虑会爆发核战争以及对天 28 气的蓄意控制。他于 1955 年在《财富》杂志上发文，题为《我们能从科技中幸存吗？》（*Can We Survive Technology?*）。文章称，"现在核战争一触即发，但可能还有比这更糟糕的情况。一旦实现全球气候控制，事情就没有现在那么简单了。我们不能再自欺欺人了：一旦这种可能成为现实，必将被人滥用。"[16]

位于宾夕法尼亚州费城的电子数字积分计算器（The ENIAC）。图中格伦·贝克（左）和贝蒂·施耐德（右）正在弹道研究实验室的 328 号楼中运行该计算器

诺依曼的 ENIAC 实现了理查森的数学计算狂想曲。1948 年，ENIAC 从费城搬到了位于马里兰州阿伯丁试验场（Aberdeen Proving Ground）的弹道研究实验室。它占据了实验室的三面墙体，大约由 18000 多根真空管、70000 个电阻丝，10000 个电容器以及 6000 多个按钮组成。这台设备拥有 42 块控制面板，每块面板约两英尺长，三英尺深，并高达十英尺。机器的耗电量为 140 千瓦，产生巨大的热量，必须安装特殊的吊顶风扇进行散热。要重新启动 ENIAC，必须手动转动数百个十级的旋转开关。操作员在重重设备中穿行，连接电路、检查数千个手工焊锡接口。诺依曼的妻子克拉拉·丹·冯·诺依曼就是一名操作员，她写了大部分的气象代码并复核其他人的工作。

20 世纪 50 年代，一批气象学家在阿伯丁欢聚一堂，准备实现理查森的设想：进行首次 24 小时自动化天气预报。这次，世界版图被设定在美国本土大陆内，并被分成了 15 行、18 列的网格系统。科学家事先编好计算程序，启动了 16 项连续的运算，每一项都必须缜密无误、制成打孔卡片。这些卡片会输出新的需要进行复制、核查、分类的卡片。在编程人员的支持下，气象学家们每 8 小时轮流换岗，整个流程要将近 5 周的时间、100000 张 IBM 打孔卡片和 100 万次数学运算。但是实验负责人诺依曼检查试验日志时发现，实际的计算时间差不多也正好是 24 小时。诺依曼写道："人们有理由相信，理查森的梦想会实现，计算速度将会赶上天气变化的速度。"[17]

哈利·里德（Harry Reed），一位与阿伯丁的 ENIAC 打过交道的数学家，讲述了与这台大型计算器合作的切身体验："很奇怪的是，ENIAC 实际上是一台非常私人的电脑。现在我们认为私人电脑就是人们随处携带的电脑。而 ENIAC 则是人们可以寓居其中的电脑"。[18] 事实上，今天我们都生活在类似于某种 ENIAC 之中，生活在覆盖全球的计算机制之中，甚至通过卫星系统延伸至外太空。这种机器首先由理查森设想，后被诺依曼实现，现在已经渗透到生活的方方面面。而这种计算机制能让我们对其视而不见，这也是它最惊人的特征之一。

人们几乎可以精准确定，军事化计算及相应的对预测和控制的信念是在何时退出历史舞台。对于入门者来说，ENIAC 是一台清晰明确的机器。不同的数学运算启动不同的机电进程。进行气象实验的操作员称，洗卡片器跳动三下，运算就进入到下一阶段。[19] 即使是非专业人士，看到四周墙上闪烁的指示灯，也知道是不同的运算进程开始了。

30　　相比之下，1948 年安装于纽约的 IBM 顺序电子计算器（IBM Selective Sequence Electronic Calculator）显得有点晦涩难懂。它之所以叫做计算器（calculator），是因为在 1948 年，计算机（computer）的称呼对象还是人，IBM 的总裁小托马斯·沃森（Thomas Jr. Watson）这么称呼它是为了让公众放心，证明他的产品并非要取而代之。[20] IBM 建造的这台 SSEC 试图与 ENIAC 分庭抗礼，但两者的雏形都是诺依曼早期在哈佛大学开发、并在二战期间投入到"曼哈顿计划"中的"马克一号"（Harvard Mark I）。SSEC 可供行人驻足瞻仰，它被放置在纽约东四十二街的一家曾经的女鞋店内，紧邻 IBM 的办公楼（现在是酩悦·轩尼诗—路易·威登奢侈品集团总部所在地）。沃森对该计算器的外观挑剔再三，他要

IBM 顺序电子计算器（SSEC）的宣传照，1948 年

伊丽莎白·贝奇·斯图尔特在操作 SSEC

求工程师将占地方的支撑围栏全部撤走，但是工程师无法满足他的这一要求。他们对照片进行了修图，最后在报纸上刊出的曝光照正合沃森的意。[21]

人群蜂拥而至，挤破窗台。在公众眼中，即使围着防护栏，SSEC 依然散发着雅致、摩登的气息。它深受"马克一号"的美学影响，而"马克一号"的设计师诺曼·贝尔·格迪斯[1]是 1939 年纽约世界博览会著名的"未来图景"展厅的规划师。31 SSEC 放置在世界上第一间计算机房的地台上，现在的数据中心也都这样设计，因为这样参观者就不会看到那些丑陋的电线了。来自 IBM 纯粹科学部的伊丽莎白·贝奇·斯图尔特（Elizabeth Betsy Stewart）是 SSEC 的主要操作者。

沃森的宣言赫然印在电脑房的墙上：协助学术机构、政府及 32 工业界的科学家们探索人类知识的无涯之境。为了践行这一宣言，SSEC 的第一次运行奉献给美国国家航空航天局（NASA）的飞行项目，测量月球、恒星和行星的位置。然而，美国国家航空航天局并未使用这些数据。相反，几周之后，SSEC 开始主要为代号为"河马"的国家绝密任务提供计算服务。"河马"是诺依曼的团队在阿拉莫斯设计的项目，用以模拟第一颗氢弹爆炸。[22]

"河马"的编程工作持续了将近一年。大功告成之后，SSEC 马不停蹄地运行了好几个月，一共模拟了三次氢弹爆炸计算。一切都是在纽约市的商铺门面中完成的，然而却没什么人注意到。

---

[1] 诺曼·贝尔·格迪斯（Norman Bel Geddes，1893—1958）：美国戏剧、工业设计师。——译者注

根据"河马"的计算，美国在 1952 年进行了第一次真正意义上的热核试验。如今，几乎所有的核力量都拥有氢弹。计算思维暗藏暴力与毁灭，无论在经济成本上，还是从人类的认知活动来讲，都让我们付出惨重的代价。然而人们却对此熟视无睹。它变得无人质疑，也不可置疑，并遗毒至今。

我们将看到，科技越来越无法预测未来——不管是不断波动的电子股票交易、科学研究的应用结果、还是全球气候不稳定性的加剧。这都源于计算行为正丧失其中立性，也变得越来越难以理解。

随着"旋风一号"（Whirlwind I）——世界上第一台能够输33 出实时信号的电子计算机在麻省理工学院的问世，理查森和诺依曼的憧憬——"计算速度超越天气"——在 1951 年 4 月得以实现。"旋风一号"起初是为美国空军建造的通用飞行模拟器。随后，实时数据的搜集、处理吸引了多方人士，有的关注计算机联网，有的则钟情于气象学。

为了更好地再现飞行员可能遇到的真实状况，"旋风一号"的一项主要功能是模拟空气动力和大气浮动，这相当于一个天气预测系统。这一系统不仅是实时的，而且还必须是联网的：通过传感器和地面气象站的雷达系统传送实时数据。这些来自麻省理工的年轻技术员们成为了互联网的先驱——美国国防部高级研究计划局（Defense Advanced Research Projects Agency），同时也是世界上第一家商用电脑制造商——数据设备公司（Digital Equipment Corporation）的核心成员。一切当代计算都源自这一核心：为了军事目的预测、控制天气，从而控制未来。

"旋风一号"的设计深受 ENIAC 的影响，奠定了半自动地面防空系统（SAGE）的基础。20 世纪 50 年代至 80 年代，北美防空司令部（North American Air Defense Command）一直采用这一庞大的电脑系统。横穿美国的 27 座监控站都安装有四层的指挥中心。监控站的两个终端一个用于操作，一个作为备用，配有标记目标的光枪（类似任天堂的游戏激光枪）和烟灰缸形状的控制台。今天人们仍可以在反映冷战计算系统的电影美学中找寻对 SAGE 系统的记忆，如 1964 年的《奇爱博士》和 1983 年的大卖影片《战争游戏》。后者讲述了一个关于计算机智能无法分辨现实与虚拟的故事，影片的最后一句台词非常出名："唯一的胜利就是不参战。"

为了能使这一复杂的系统有条不紊地工作，IBM 雇佣了 7000 名工程师，写下了当时世界上最大的计算程序，总共需要 25000 条专门的电话线连接不同的存储位置。[23] 尽管如此，SAGE 系统却以错误频出著称：经常因为忘了退出训练盘，而将模拟数据误认为实际导弹攻击，或是将一群迁徙的鸟儿定位为苏联的轰炸机战队。在计算工程史中，这些失败的尝试常常被视为时代的局限，就像现在一些软件项目和政府的 IT 提案，开始时都被各种吹嘘夸大，结果却远远达不到预定的目标，最后只能无疾而终，被更完善的系统取代，如此循环往复。但是假如这些故事就是计算的真正历史，又会怎样呢？人类是否将永远无法区分虚拟与现实，无法认识到计算思维本质中的概念鸿沟，无法看清我们所构建的这个世界？

我们习惯性地相信：电脑让世界变得更明晰、更有效；电脑让问题变得不再棘手，可以更好地解决令我们头疼的各种问题；电脑使我们面对不同的经历时更加从容自如。倘若这一切都不是真的呢？认真阅读计算机的历史，我们发现真相变得越来越模糊，权力变得越来越集中、退缩到越来越狭小的领域中去。通过将时代症结悬置在不可置疑的架构中，计算将现阶段的问题封存以来，转化为抽象的、难以对付的困境。我们整日为一些微不足道的数学或材料学的难题殚精竭虑，不再关心更宏大的问题，比如如何建立更民主、公平的社会。

　　通过将模仿真实与接近真实混为一谈，计算思维的捍卫者用有缺陷的模型代替了真实世界。这样，他们就和建模者一样假装控制了世界。SAGE 被证明根本无法阻止核战争的爆发，随后美国航空公司和 IBM 销售员一拍即合，SAGE 马上摇身一变，成了"半自动化商业研究环境"（Semi-Automated Business Research Environment, SABRE），一家管理机票预订的跨国公司。[24] 一切都已准备就绪：电话线、天气雷达、日益私有化的处理能力以及在大众旅游和大众消费时代管理实时数据流的能力。此前用于防止商业航班被意外击落的机器——防空系统的必备要素——变成了这些航班的管理枢纽，并得到了十多亿的国防财政支持。今天 SABRE 联系着超过 57000 家旅行社、数以百万的游客、400 多家航空公司、90000 家宾馆、30 多家汽车租赁公司、200 多家旅游公司以及多条铁路、渡轮和邮轮线路。在草木皆兵的冷战时期，SAGE 本是计算系统的核心，现在却掌控着游客每年数十亿次的行程。

　　本书中我们将会反复讨论航空业，因为它将技术、科学研究、国防安全和计算在透明 / 隐蔽、可见 / 不可见之间聚集在一起。互联网上最不寻常的可视化方式之一是由飞机追踪网站提供的。任何人都可以在任何时候上网查看空中飞行的成千上万架飞机，它们穿行在城市的上空、横跨大西洋、沿着国际航班路线的金属洪流巡航。人们可以在网站上点击任何一个小小的飞机图标，追踪它的路线、了解它的制作材料、型号、操控员和航班号，还能看到起飞和降落地点、飞行的高度、速度和时间。每架飞机上都在广播 ASD–B 信号，可供热衷于追踪飞机的网民们以及喜欢用当地无线电接收器共享数据的人搜索到。就像谷歌地球（Google Earth）或其他卫星图像服务，这些航班动态追踪系统非常诱人，以至于让人产生近似眩晕的快感——数字时代的高峰体验。在无限开放的网络上，普罗大众实现了每位冷战策划师的心中的夙愿。但是上帝的视角却是具有欺骗性的。由于私人和政府活动被屏蔽了，人们无法查到寡头政治家和政客们的私人飞机，也看不到那些隐蔽的监控飞机和军事密谋。[25] 有多少信息外露，就有多少信息隐匿。

1983 年，在一架闯入苏联领空的韩国飞机被苏军击落后，罗纳德·里根总统下令将当时仍处于保密期的全球定位系统（GPS）向公众开放。随后，无数当代技术应用应运而生，GPS 成为另一项控制日常生活的隐蔽信号，人们对它已经习以为常。GPS 上地图中心的小蓝点让整个地球都围绕着用户。GPS 的数据可以调节汽车和卡车的路线、定位船舶、防止飞机相撞、分配出租车、追踪物流库存信息和无人机空袭时的电话来源。本质上，GPS 是一个巨大的基于太空的闹钟，来自 GPS 卫星的实时信号监控着电

36

37

来自 Flighttradar24.com 的截图，显示了 1500 架飞机的航班追踪结果（总共 12151 架）。请注意位于波多黎各上空的谷歌"潜鸟计划"（Project Loon）的气球，紧随"玛利亚"飓风的方向

网和股市。但是随着对它的依赖程度越来越高，人们往往忽略了一个事实：GPS 系统可以被控制它的人操纵，比如美国政府就能够选择屏蔽某地的定位信号。[26] 2017 年夏，来自黑海的一系列报告称，该地广大水域的 GPS 信号受到蓄意干扰，船舶导航系统显示的定位距它们的实际位置相差数十公里。许多船重新靠岸后却发现被困在了俄罗斯的空军基地——这一鬼把戏的始作俑者。[27] 克里姆林宫也遇到了同样的情况，最先是由玩口袋妖怪游戏（Pokémon Go）的玩家发现的。他们在莫斯科中心区域玩这个实景游戏的时候，游戏角色的定位总是相差好几条街区。[28]（特别是那些骨灰级玩家，他们后来利用了游戏的这一漏洞，靠电磁屏蔽和信号发生器，足不出户就能挣到积分。）[29] 另外，有些人的工作受 GPS 监控，例如长途卡车司机，他们则干脆拆掉信号系统，这样就能随时休息，也能抄小道，将其他同路的司机抛在身后。这些例子无一不表明计算对当代生活的重要性，同时也向我们揭露了它的盲区、结构性危险以及程序化的弱点。

我们再从航空中举一个例子，回想一下在机场的经历。机场 38 是地理学家称为"编码／空间"（code／space）的典范。[30] 编码空间描述了计算与人造空间和日常体验互相交织的状态，不仅仅是使其强化、重叠，而是指计算变成了空间的重要组成要素。在这种状态下，编码的缺席就意味着环境与对环境的感知也将瘫痪。

在机场中，编码促进并参与了环境的产生。在我们抵达机场之前，乘客会进入电子订票系统中（例如 SABRE）注册数据、确认身份以及连接诸如登机台或护照管理等其他系统。如果乘客到达机场后却发现无法登录系统，那他就摊上大麻烦了。现代安检程序不接受纸质身份识别和流程处理，电子软件是唯一被许可的标准。缺少了它，一切都免谈，人们将寸步难行。一旦软件崩溃了，机场的功能也就丧失了，机场会变成一间巨大的棚屋，人人怒气冲天。隐蔽的算法大约就是这样参与生产我们的环境。只有在其失效的时刻（类似于脑部损坏），我们才能意识到它的重要性。

"编码空间"不仅是指智能化建筑。现在网络无所不在，组合编码和集中编码不断自我复制，越来越多的日常行为离不开相应的软件。每日行程（包括私人行程）都要依靠卫星路线、路况信息和越来越"自动化"的交通工具——它们当然并不是自动化的，需要不断更新和输入。端对端的后勤系统和邮箱服务器让劳动也变得越来越编码化，而依赖它们的工作者反过来需要时刻对其进行监测。连接性能和算法修正使我们的社交生活媒介化。随着智能手机蜕变成强大的通用电脑，计算潜入我们周围的每一项设备中：从智能家用电器到交通工具导航系统，整个世界变成了"编码空间"。编码的普遍存在不仅没有让"编码空间"的概念过时，反而凸显了我们在理解计算影响力上的失败。

当我们在网上购买电子书的时候，电子书的所有权仍然归卖家所有，书的租借服务随时会被终止。在 2009 年，亚马逊就曾通过远程终端从顾客的 Kindle 电子书中删除了成千上万本《1984》和《动物庄园》。[31] 在线音乐和在线视频服务让用户以合法的手段下载多媒体文件，塑造了人们的"个人"偏好。随着实体的开放图书馆的式微，学术期刊通过机构合作和付费订阅掌握着知识的获取通道。维基百科的运转依靠的是软件代理——又称机器人程序——负责严格执行正确的格式、建立不同文章间的关联、缓

39

和矛盾、防止对网页的恶意攻击。最近的调查显示：在 20 位产量最高的编辑中，软件代理就占了 17 个。这项百科全书工程的编辑工作的 16% 都是由软件代理完成的。[32] 读书、听音乐、搞研究、做学问等行为越来越受到算法逻辑的控制和隐蔽的计算进程的监管。文化本身成为了"编码空间"。

强调物理空间与文化空间在算法的联合有一定的危险，因为这将遮蔽其仰赖并复制的权力的巨大不平等性。计算不仅强化、框定、塑造了文化，它还通过不为人察觉的方式变成了文化本身。

计算一开始是要描绘和模拟，最终却反客为主。谷歌本来是要为全部人类知识提供检索服务，现在变成了知识的来源和裁判：成为了人们的所思之物。"脸书"本意是绘制人们之间的关系——社交图谱，现在成为了维持关系的平台，人类社交关系被无可挽回地改变了。就像防空系统将一群飞鸟误认为轰炸机战队，软件无法区分模拟世界和真实世界。而一旦成为习惯，我们也就无法将两者区分开来。

习惯化的原因有两个：第一，计算进程晦涩复杂，普通人很难读懂；第二，无论是在政治上还是情感上，计算本身总是被视为中立的。计算之所以晦涩难懂是因为它发生在机器内部，躲在屏幕的背后，在遥不可及的建筑中——在"云"里。即使我们通过学习代码和数据能够将其穿透，可对于大部分人来说它仍然难以理解。当代的应用互联集成了多个复杂系统，没有任何一个个体能够窥见其全貌。对机器的信任是机器应用的前提条件，也加剧了我们的认知偏见：相较于非自动化，我们对自动化的结果更有信心。

40

这种现象被称为"自动化偏见"（automation bias），它普遍存在于每个计算领域中：从拼写检查软件到自动驾驶，也存在于每一个人的头脑中。自动化偏见使我们更重视自动化信息而非自己的体验，即使它与我们的观察所得相冲突——这在观察模棱两可的时候更甚。自动化信息简洁明确，拒绝一切混淆视听的灰色地带。另外一个相关的现象是"证实性偏见"（confirmation bias），它重新塑造我们对世界的认知，使其与自动化信息更好地保持一致，这进一步确立了计算结果的合理化地位，有时我们甚至会摒弃一切与机器视角相冲突的主体观察。[33]

高科技飞机座舱中的飞行员经常为我们提供自动化偏见的例证。前文提到，大韩航空的飞行员在 1983 年的空难中全部坠亡，里根总统随后下令全面开放 GPS 使用权限。这些飞行员是典型的自动化偏见的受害者。1983 年 8 月 31 日，从美国阿拉斯加的安克雷奇（Anchorage）起飞后不久，机组人员根据空中交通管制部门的命令启动了自动驾驶程序，将飞机的控制权拱手相让。自动驾驶预先设定好了路标，飞机将跨越太平洋到达韩国首尔。然而，不知是系统设置出了差池，还是对系统机制发生了理解偏差，自动驾驶并未沿着预定的航线飞行，而是固执地朝着起飞时的方向飞去，从而越来越向北偏离。在离开阿拉斯加上空飞行了 50 分钟之后，飞机已经向北偏离航线 12 英里，随后偏离距离增加至 50 英里甚至 100 英里。事故调查者称，这几个小时内曾有多次对机组人员的警告。机组人员也注意到了在各个信号塔之间飞行时间较往日更长，但却继续置若罔闻。他们偏离航线越来越远，抱怨无线电接收信号越来越弱。然而所有这些都未能让飞行员对系统产生怀疑，查证他们的实际所在位置。即使飞机已经飞过堪察加半岛，闯入苏联军事领空，他们仍然对自动驾驶程序深信不疑。苏联出动了战斗机，准备将其截获，飞机仍在继续往前飞。三个小时之后，他们仍然毫不知情，苏-15型战斗机发射两枚空对空导弹，近距离的爆炸摧毁了韩国飞机的液压系统。航班最后几分钟的驾驶舱记录显示，自动系统发出了紧急迫降的警告，飞机曾试图重置自动驾驶程序，但一切为时已晚。[34]

　　此类事件层出不穷，而它们的影响也在多个模拟实验中得到了证实。而更糟糕的是，偏见不仅仅是无视的过失，也是盲目的认同。大韩航空的飞行员盲目遵循自动驾驶的指令，他们选择的是一条最顺从的路。事实证明，就连富有经验的机长看到自动报警信号也会采取紧急行动，即便与他们的实际观察不一致。早期空客A330因对火警警告异常敏感而臭名昭著，造成了多架航班变更线路，徒增了飞行风险。而这些航班的机长们再三确认过没有火警危险。在美国国家航空航天局进行的"埃姆斯高级概念飞行模拟器"（Ames Advanced Concepts Flight Simulator）的研究实验中，机组人员在飞机起飞前会接收到相互矛盾的火警信号。研究显示，在双方都会被告知额外信息的情况下，75%的机长会听从自动系统的指令，关闭掉错误的引擎。而根据传统的纸质检查法，这一比例只有25%。根据实验视频，遵循自动化系统指令的机长做出的决定更迅速、更不容商榷，这表明一旦有了直接的行动建议，机长们就不会再深入分析问题产生的原因。[35]

　　自动化偏见意味着技术即使在正常运转时都有可能危及我们的生命——GPS又是其中一例。一群日本游客试图登上一座澳大

42

利亚的岛屿时，他们将汽车开向了海滩并直接冲进了海中，因为他们的卫星导航系统告诉他们这是一条行得通的路。涨潮时分，他们在距海岸线 50 英尺的地方被人营救出来。[36] 来自华盛顿州的一群人则将车驶入了湖里，导航系统让他们偏离了主干道，进入一条轮船坡道。当紧急救援服务队赶到时，他们发现汽车漂在深水区里，只有车顶露出了水面。[37] 而对于死亡谷国家公园的护林员来说，此类事件习以为常。他们用专门的术语来形容："GPS 之死"（Death by GPS），意思是说人生地不熟的游客总是相信导航，而非他们的理智判断，后果往往不堪设想。[38] 在有些地区，地图上标志的路线往往是常规车辆无法通过的，在白天气温高达 50℃，也找不到水源的情况下，一旦迷路就会丧命。在这些情况下，GPS 导航系统并没有欺骗用户，也没有出错。电脑只不过是被提问了一个问题，然后给出了答案——人类循着电脑的回答走向了死亡。

43

自动化偏见的核心是更深层的一种偏见，它并非根植于技术，而是大脑本身。面对复杂问题的时候，尤其是在时间紧迫的情况下——谁没有十万火急的时候呢——人们倾向于以最少的认知活动来解决问题，偏爱那些易于操作与解释的对策。[39] 一旦可以让渡决定权，大脑就会选择这条最不耗费脑力的选项。这是条最便捷的捷径，由自动化助手即时提供。从任何意义上来讲，计算是认知的黑客，它窃取了人类做决策的过程，让机器承担起这一责任。逐渐地，机器插手越来越多的认知任务，不计后果地强化它的权威。我们不断修正对世界的理解以顺应自动化系统提供的建议和认知捷径。计算代替了有意识的思考行为。我们思考的方式越来越像机器，或者说我们已经不再思考。

从个人电脑到智能手机再到全球云网络的系谱演变中，我们看到人类是如何使自己生活在计算之中的。计算不仅仅是种体系结构，它正在成为我们思考的根基。现在，计算渗透至各个角落，向人类发出邀请，即使是一些能用简单的机械、物理或社会的方法解决的问题，我们也通通交给计算。能发短信干吗还要说话？能用电话干吗用钥匙？随着计算和计算产品日益充斥着我们的生活，它们被赋予了权力和生产真理的能力，承担起越来越多的认知任务，现实本身被披上了电脑的外衣，我们的思维方式不久也将如此。

就像全球远程通讯技术消解了时空的边界，而计算让过去 44 与未来融为一体。数据以事物的现状为模板，随后又投射到未来——这意味着事物将不会发生根本性的改变或与过去相去甚远。这样，计算不仅仅管理着我们的现在，同时塑造了最符合计算标准的未来。只有能够被计算得出的才有可能发生。那些无法被量化、被模拟的，那些此前未曾问世的或者不能被归入旧有模式的，那些不确定的、模棱两可的存在将通通被排除在未来世界之外。计算投射的未来与过去如出一辙——而现在则是飘忽不定的，因此它无法处理现在的实况。

计算思维造成了当今时代许多纷争；这可以说是计算操作的最主要特征。计算思维致力于不费吹灰之力地寻找简单的答案。此外，计算思维坚持只有一个答案——一个神圣不可动摇的答案。关于气候变化的"争论"不是简单的石油资本主义阴谋，体现了计算在处理不确定性方面的无能。从数学和科学的角度来讲，不确定性与无知不同。在科学、气候学的语汇中，不确定性是衡量我们知识边界的标尺。随着计算系统的日益壮大，我们越来越清楚地看到自己的无知。

计算思维大获全胜：它首先用它的力量引诱了我们，随后它展现出复杂的一面，令我们晕头转向，最后它深刻地烙刻在我们的大脑中。计算思维的影响和结果以及它的思考方式已经成为我们日常生活的一部分，如同天气一样不可撼动。但是，承认计算
45 思维的问题（如过分简化、不良数据和蓄意混淆视听，等等）能够让我们意识到它的失败之处和局限性。我们将看到，天气的混乱远超计算的能力范畴。

在其所著的《数值预测》（*Numerical Prediction*）一书修订版的空白处，理查森写道：

> 爱因斯坦曾评论到，他的科学发现受到一项信条的引导：重要的物理学法则其实都是很简单的。听人说拉尔夫·福勒（R.H. Fowler）也曾说两条公式中，更简洁的那个更有可能是对的。迪拉克（Dirac）曾试图重新阐释电子运动，因为他认为自然法则不可能让电子的运动方式那么复杂。这些数学家们都是解决质数和点电荷问题的高手，如果他们能够屈尊气象学，那将会极大地丰富我们的学科。但是我对此非常怀疑，因为那样的话他们必须得放弃真理是非常简单的这一想法。[40]

他花了四十年完成构想，在 20 世纪 60 年代的时候，理查森

找到了描述不确定性的模型：这一悖论精准地抓住了计算思维的存在性问题。在《致命争端的统计学》（"Statistics of Deadly Quarrels"）一文中，理查森试图以科学的方法分析冲突问题。他找到了一组对应项：两个主权国家之间爆发战争的可能性和两国的共同边境长度。但是他发现不同的文献提供的长度数据完全不同。理查森后来发现， 边境的长度取决于测量的工具：工具越准确，越小的误差都会被考虑到，测出来的实际长度越大。[41]海岸线的情况更糟糕。他发现根本无法提供一个国家完全准确的海岸线边境。"海岸线悖论"（Coastline Paradox）后被称为"理查森效应"， 构成了本华·曼德博（Benoit B. Mandelbrot）分形学的基础。"理查德效应"清楚明确地体现了新黑暗时代的反直觉化特征：我们越是着迷于将这个世界计算化，这个世界就越令人迷惑不解。

46

第三章

气 候
CLIMATE

　　我曾经在 YouTube 网站上反复看过一段视频，直到它被下架。[47]
然后我在一些新闻网站上找到了这个视频的动图，这些关键镜头
的截图更加令人毛骨悚然。视频中正值春天，一个身穿迷彩服、
脚蹬橡胶靴的男子正徒步穿越一片广袤的西伯利亚冻土地带，肩
上挂着一杆猎枪。在这片冻土上放眼望去是一望无际、繁茂苍翠
的草原，蔓延至似乎一百英里之外微蓝的天边。他迈着远征探险
家的脚步，大步流星，足以令他每天在这一地区行走很远。但是，
随着他越走越远，脚下的路却泛起了粼粼微波，厚实的土地逐渐
幻化成为层层水纹和波浪。[1]看上去非常坚实的地面原来仅仅是
一层薄薄的植被表面，在这自然的外壳之下，大地形成了新的海
域，波涛汹涌——冻土带下的永久冻土层正在逐渐融化。视频中
的土地看上去随时会发生崩裂，远征者的橡胶靴一旦陷入表层，
他将很有可能被海底巨浪卷走，消失在茫茫绿色之中。

现实的光景则很有可能是相反的：地面会逆冲而上，向空中喷射湿土和热气。2013 年，在西伯利亚的北部，人们曾听到一阵神秘的爆炸声，远在一百公里之外的居民都声称他们看到了天空中闪烁的耀眼光芒。数个月后，科学家赶到了事故现场——偏僻的泰梅尔半岛（Taimyr Peninsula），他们发现这里新形成了一大片火山口，洞口有 40 米宽，深度则达到了 30 米。

48　　在仲夏时节，泰梅尔半岛的气温最高也仅 5℃，冬天则降至 –30℃。这里是一派荒凉的景象：受到静水压力的挤压，核心冰层被推向表面，并在陆地表层形成了遍地的小山丘和土堆。随着山丘的不断增大，植被和碎冰通通脱落，看上去像成片成片的矮火山，山顶皲裂而多孔。然而和永久冻土层一样，山丘也在慢慢融化，甚至有些还会发生爆炸。2017 年 4 月，研究人员在西伯利亚的亚马尔半岛（Yamal Peninsula，意为"地球的尽头"）附近安装了第一批地震传感器。传感器紧邻着位于鄂毕河（Ob River）入海口的萨贝塔（Sabetta）新港，它能够监测出半径两百多公里范围内的地面活动情况，提供山丘爆炸预警。因为这种爆炸势必会破坏港口的工业基础设施，同时还会减少博瓦涅科沃（Bovanenkovskoye）和堪日萨沃（Kharasavay）两地的气藏量。

萨贝塔港是西伯利亚地区丰富的天然气资源向外输出的重要出口点，有趣的是，这个港口的建立和威胁到港口安全的山丘爆炸均"得益于"人类大量开采、使用天然气而造成的全球气温飙升。随着北极冰川的融化，人们此前无法接近的石油和天然气资源变得唾手可得。据估计，全球 30% 的天然气剩余储藏量集中在北极地区 [2]，并且其中的大部分能源储备分布在北冰洋的近海海域，在不到 500 米深的水下。过去一个世纪以来，人类对矿物燃料的依赖和开采产生了灾难性的后果，而这恰巧也是北极能源现在能够为人所用的原因。也因为有了开采的可能性，人们才会在这片区域建起大量基础设施，也因此需要安装保护工业基础设施的传感器：这种正反馈未来还将继续扩大升级。然而这一现象，对人类、动植物等地球生命的影响，并不正向。

在西伯利亚当地，存在着另一组潜在的正反馈：融化的永久冻土层会释放出甲烷，甲烷释放得越多，冻土带将变得越松动泥泞。西伯利亚冻土带之下的永久冻土层可达 1000 米深，由不断累积的冰冻土壤层、岩石层和沉积层组成。冰层中冻结着百万年间留存于此的各种生命体，现在都开始向表层聚集。2016 年夏，亚马尔半岛突然爆发了一场瘟疫，瘟疫夺走了一个小男孩的生命，并导致 40 多人住院接受治疗。人们经过研究后发现，瘟疫的病因源自感染了炭疽病菌的驯鹿尸体，这些尸体原本深埋在冻土层之中，现在它们暴露在了陆地表面。而在此前的几十年甚至数百年间，该病菌一直在冻土带冰层中处于潜伏状态。[3] 与这种致命病菌相伴的则是死物质[1]，随着冰层融化，尸体开始腐烂，释放出一缕缕甲烷：一种可怕的温室气体，锁住热量的能力比二氧化碳强得多。2006 年，西伯利亚永久冻土层大约向大气中释放了 380 万吨甲烷。2013 年，这一数据飙升至 1700 万吨。而引发冻土带破裂的爆炸，正是由甲烷引起的。

当然，在万物互联的时代，没有现象什么是孤立的。我们在当下感受到的天气状况，遮蔽了我们对全球整体气候的认知：变

[1]　死物质（dead matter）：此处为双关语，即下文中的甲烷。——译者注

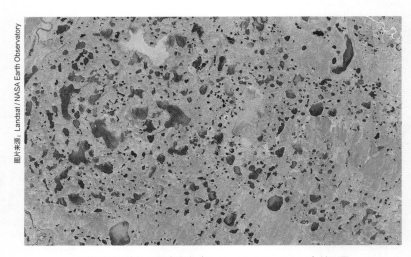

西伯利亚图克托亚图克半岛（Tuktoaktuk Peninsula）地形图

化莫测的瞬间让我们一叶障目，看不清气候的"整片森林"。就像艺术家罗妮·霍恩（Roni Horn）观察到的："天气是我们时代的一个核心悖论。好天气往往暗含问题，个体在当下感受到的是好天气，也许却是对整个系统不利的。"[4] 看上去只是在冻土带上行走变得日益危险，实际上整个地球的稳定性都遭到了破坏。地球表面在颤抖、腐烂、分裂、发臭，我们已经无法安居其中。

从高空中观察西伯利亚平原，那些爆炸了的小山丘和冰层融化后形成的湖泊酷似海绵状脑病患者的脑部扫描图像，大脑表层坑坑洼洼，疤痕累累，挤满了死亡的神经细胞。引发海绵状脑病的朊病病毒——瘙痒病、库鲁病、疯牛病、克雅氏病及其并发症——是由蛋白质的错误折叠造成的，其成因源于这些微小的基本物质发生了扭曲和变形。朊病毒根据自己的形象改变正常折叠的蛋白质形态，并扩散至全身。当朊病毒感染脑部时，会引发突发痴呆症，让患者丧失记忆、性情大变，出现幻觉、焦虑、抑郁等症状，甚至死亡。大脑开始变得像海绵一样被掏空、变性，直至失去理智。永久冻土层正在消融，正如我们的语言变得错乱，随之消融的是我们对世界的思考。

2006 年 6 月 19 日，北欧五国代表齐聚北极斯瓦尔巴群岛（Svalbard archipelago）的斯匹次卑尔根岛（Spitsbergen），为建造一座时间机器做准备。随后的两年时间里，工人们开山凿石，在 120 米深的地方开掘了一个 150 米长、10 米宽的洞穴。这座时间机器的使命是将人类最珍贵的资源传送至不确定的未来，使其躲过现在的种种浩劫。数以百万计的保留种子被装进一个个隔热的锡箔袋中，放置在一排排工业架上的塑料盒子里：这些种子都

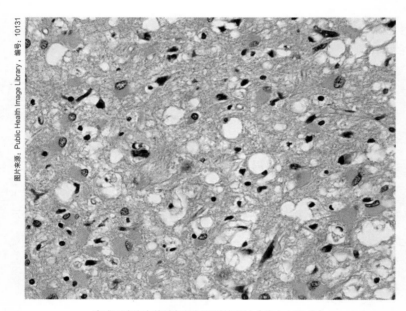

克雅氏病患者的脑部组织显微镜照片（放大 100 倍）

是来自世界各地的粮食作物的备份。

斯瓦尔巴群岛距离北极点只有 1120 公里，是地球上最靠北的人类全年定居点。尽管地处偏僻，斯瓦尔巴很早就成为了一个国际性的交汇点。早在 12 世纪，挪威渔民和狩猎者就曾造访此地。1596 年，荷兰探险者"发现"了该群岛，开启了对当地鲸鱼和矿场资源的掠夺。1604 年，英国人登陆斯瓦尔巴岛，大肆捕杀海象。17 世纪末，俄罗斯人一抵达该岛就为了获取皮毛而四处寻找北极熊和狐狸，但他们在 19 世纪 20 年代被英军在巴伦支海（Barents Sea）击败后就撤出了。和所有其他国家一样，俄罗斯随后又重返此地，这次是为了寻找煤矿。二战期间，斯瓦尔巴群岛被一支驻扎在某气象站的德军占领。1945 年 5 月后，这批德军失去了组织，直至 9 月底被一支挪威的海豹捕猎船队截获。他们是德国最后一支向同盟国投降的军队。

19 世纪末煤矿资源的发现加剧了这一地区的主权争端。数百年来，斯瓦尔巴群岛一直是一块自由领地，不受法律法规的限制，不属于任何主权国家的管辖范围。1920 年签订的《斯瓦尔巴条约》是在凡尔赛会议上制定的，该条约将斯瓦尔巴群岛的主权交递给了挪威，但同时给予各缔约国平等的从事商业活动的权利——主要是采矿业。斯瓦尔巴成为了非军事区，直到今天仍是特殊的免签证区：任何人，不论其出生地和国籍，只要持有一定的生产资料，都可以在此定居和工作。除了将近 2000 名挪威人、500 名俄罗斯和乌克兰人，斯瓦尔巴还是来自泰国和伊朗等国几百名非北欧工人的家园。近年来，许多难民申请入境挪威被拒，他们转而前往斯瓦尔巴，因为只要在那儿生活满七年就能获得挪威国籍。[5]

斯瓦尔巴全球种子库（The Svalbard Global Seed Vault）——常常被称为"诺亚方舟"或"末日方舟"——创立于 2008 年，作为一项促进全球基因库的举措，斯瓦尔巴的地理位置显得极为合适。它在政治地理上享有的豁免权很容易赢得国家组织的信任，促使他们将珍贵的、很多时候是绝密的藏品储存于此。掩埋在永久冻土层下的种子库，同时也是天然的地下冰窖：它由当地煤矿发电制冷，温度常年保持在 −18℃；即便制冷机器失灵了，当地的岩床一年四季也都在结冰。种子库是一项旨在建立避难所的尝试，不论是在地理上还是时间上都将与世隔绝：悬置在中立的领土之上，冰封在北极的隆冬之中。

种子库对于维持表面上的基因多样性非常重要。这项工程起源于 20 世纪 70 年代，当时人们意识到，农业上的"绿色革命"让许多农民放弃了当地世代相传的惯用种子，转而使用经过杂交培育后产生的新品种。一个世纪以前，印度据说拥有十万多种不同品种的水稻，到如今只剩下了几千种。美洲的苹果品种数量则由五千种降至几百种。根据联合国粮食及农业组织的估计，人类目前已经丧失了 75% 的农作物多样性[6]。保证作物的多样化对于抵御可能出现的新型疾病或害虫至关重要，单一性作物更容易受到灭种的威胁。斯瓦尔巴种子库的建立为多样化品种提供安全的贮藏所，以防自然灾难的肆虐。原则上来讲，种子库只接受长期借贷，除非是借贷国真的到了山穷水尽的地步，否则决不能将种子取出。2012 年 1 月，在被洪水严重破坏后的第六年，菲律宾的国家种子库被一场大火毁于一旦。阿富汗和伊拉克两国的种子库则完全被战乱捣毁。[7] 2015 年，国际干旱地区农业研究中心（International Center for Agricultural Research in the Dry Areas,
ICRDA）提出了首例种子提取的申请，要求在当初存入的 325 个
箱子中取出 130 个，总计 116000 个样本。

　　国际干旱地区农业研究中心创立于 1977 年，总部设在叙利
亚的阿勒颇（Aleppo），在中东、北非和中亚地区都有分部。它
主要负责保证该地区的食物安全，并满足其食物需求：开发新的
农作物品种，管理水源、保护耕地，还兼顾农村教育，尤其是妇
女的教育问题。2012 年，叙利亚内战爆发，叛军攻占了该中心位
于阿勒颇以北 20 英里的基因库，那里存储有来自 128 个国家的
150000 种不同种类的小麦、大麦、扁豆、蚕豆的种子。尽管叛军　54
允许工作人员留下来进行设备维护，但却迫使该中心总部迁至贝
鲁特（Beirut），并切断了其与基因库的联系。

　　国际干旱地区农业研究中心专门收藏那些能够适应中东和北
非恶劣环境条件的作物，这些备份种子目前暂存于斯瓦巴尔，不
久之后将被重新分发到摩洛哥、土耳其以及其他地区。这个档案
馆中保存的生物多样性是一代代农民的劳作培育，再加上自然进
化的结果，这些种子虽不具有较强的抗病性或抗虫性，但却能够
很好地适应气候。科学家们希望通过研究这些种子，能够开发新
的遗传特征，从而让农作物能经受得起气候变化的蹂躏：比如将
抗热性、抗旱性较强的农作物——鹰嘴豆、扁豆等与玉米和大豆
杂交，使后者适应急速变化和持续变暖的生态系统。[8]

　　生态系统变化的速度如此之快，甚至让全球种子库都大为吃
惊。2016 年是有记录以来最热的一年，而此前已经连续两年刷新
了高温纪录。研究显示，地球已经 115000 年没有这么热过了。

当年 11 月份的时候，科学家称北极地区的气温已经比（历年）
平均气温高了 20℃，海冰线比过去 25 年来的平均值低了 20%。
在斯瓦尔巴，暴雨代替了小雪，永久冻土层开始融化。2017 年
5 月，当研究人员想要对种子库进行检查时发现，种子库的入口
通道已经被融冰淹没了，水漫过表层后再次结冰，形成了一座室
内冰川，在这种情况下想要进入种子库，就必须将冰块凿开。在
建造之初，人们以为种子库在很长一段时间内可以不需要人工干
预，而现在则必须对它实行 24 小时监管：在入口通道处安装了
紧急防水装置，并挖了沟渠以疏导融水。"北极，尤其是斯瓦尔
巴的气候变暖速度比世界上的其他地区都快。气候正发生剧烈的
变化，变化之快令我们感到非常吃惊。"挪威气象学家凯蒂尔·伊
森克（Ketil Isaksen）告诉记者。[9]

55　　气候变化已然发生，不仅明显而紧迫地影响着自然地理界，
也影响着地缘政治的图景。叙利亚冲突迫使国际干旱农业研究中
心的科学家们逃往贝鲁特，并向全球种子库申请援助。冲突爆发
的其中一部分原因就是因为环境变化。[10] 2006 年至 2011 年，超
过一半以上的叙利亚农村遭受了历史上最严重的旱灾。这场旱灾
强烈而持久，不可能是自然状态下的天气异常现象，只能将其归
咎于日益加重的气候变化。几年之内，叙利亚境内将近 85% 的
农村牲畜死亡，农作物也大多枯萎凋残。总统巴沙尔·阿萨德
（Bashar al-Assad）将传统的取水权让渡给了政治盟友，迫使农
民非法挖井，那些抗议者不是被押入大牢，就是遭受严刑拷打甚
至被判死罪。一百多万农民逃离乡村，前往城市。积怨已久的农
民们涌入城市，造成了城市巨大的压力，并在集权压迫早已十分

严重的城市中形成了日益紧张的局势，这是引起暴乱的最后一根稻草，暴动在旱情最严重的地区迅速蔓延开来。媒体报道和激进分子将叙利亚冲突称为 21 世纪第一次大规模的气候战争，认为气候变化是大量难民涌入欧洲的直接推手。科学家们则更加谨慎，没有明确表示气候与冲突之间存在关联，但是他们也承认气候变化是客观事实。即使叙利亚的政治形势能在几年内有所缓和，到2050 年，该国依然将损失近 50% 的农业产能。一切都已经无法挽回。

我们为什么要关心种子库？种子库至关重要，因为它不仅仅是生物多样性的堡垒，同时也维护着人类认知的多样化，维系着人类对于多样化的认知。种子库将物品、知识和认知方式从不确定的现在送往更加扑朔迷离的未来。种子库不仅仅依靠物品本身，更依靠物品品类的多样化来汲取养分，这种养料是异质性的，它混杂多变、存有缺陷：但这也恰恰是人类知识和这个世界的本质。种子库是对单一栽培方式的必要反抗——这里不是隐喻，而是取其字面意义：为完成特定地区的现时任务而仅仅培育一种植物品种的做法[1]一旦推广开来，就无法适应世界含混暧昧的本质。气候危机同时也是知识危机、理解危机；是沟通危机、认知危机，不管是过去、现在还是未来。 56

在北极地区，人人都是气象学家。搜寻古代文化遗迹的考古学家们正在这里挖掘地球深处的历史，试图找到证据，帮助我们理解气候快速变化发生时期的地球状况以及期间的人类行为，以便让今天的我们更好地应对这些问题。在格陵兰岛的西海岸，雄

---

[1] 单一栽培（monoculture）：字面意义作单一文化解。——译者注

伟的伊卢利萨特冰峡湾（Illulissat Icefjord）的海滩上，有一片被永久冻土层包围着的古代可雅人（Qajaa）定居地，这里曾存在过三个古代文明，分别是萨夸克（Saqqaq）文化、多塞特（Dorset）文化和图勒（Thule）文化，其遗址在过去的3500年间被永久冻土层完好地保存下来。其中萨夸克文化约于公元前2500年在格陵兰岛南部出现，随后被多塞特文化和图勒文化取代。直至18世纪，他们才与欧洲人建立了密切的联系。在今天，我们可以通过堆积层窥见三大文明的历史：世代堆积的厨房和狩猎垃圾沉入地下，等待着考古学家的发掘。

堆积层的遗迹能够帮助我们了解古代人口流动情况以及这片区域历史上的环境变迁。曾发生在格陵兰岛文明上的一切，无论在文化意义上，还是考古学意义上，都是独一无二的。世界上现存的石器时代遗址大多只有石头留存了下来，而这些北极文明遗址则不同，永久冻土层厚实的冰川让更多的古代人类物质文化被完整保留了下来。可雅文化的堆积层中发现了木箭和骨箭、装柄刀具、矛、缝合针等物件，这在地球上其他任何地区都不曾发现过。并且这些遗迹中还包含着基因的演化信息。[11]

57　　如同全球种子库复杂交错的历史和未来一样，了解古代文明及其文化是如何适应、改变以及应对（即便是失败的经验）早期的环境压力，可以帮助我们解决当今时代的环境问题——如果我们还来得及在它们被毁坏之前去了解的话。

到下个世纪，在历经千百年风霜之后，这些独特的考古学宝藏——知识和信息的贮藏室——将会完全消失不见。哥本哈根大学永久冻土研究中心（University of Copenhagen's Center for

Permafrost）的研究人员通过钻孔取土的方式，从可雅文化的沉积层和格陵兰岛东北部的另一处遗址中，挖出了核心冻土块，将其装进塑料袋中。冻土块在结冰状态下被带回研究中心的实验室，在那里，研究人员将对冻土块的放热信号进行检测。实验的结果表明：随着地球变暖，冻土层中一直处于休眠状态的细菌开始苏醒，变得活跃起来。而细菌产生的热量则造成了土壤的进一步升温，这样就会有更多的细菌解冻、复苏——陷入一个恶性循环当中。冰川融化后，河水渐渐枯竭，土壤层中渗入了更多的氧气，导致了土壤的分解和退化。新近活跃的细菌开始吞噬有机残留物，使土壤中的养分逐渐流失，直到只剩下一堆碎石。并且细菌运动时还会释放出出更多导致暖化的碳。"当冰川全部融化、水全部干涸之后，"永久冻土研究中心的负责人以及学科带头人波·艾伯林（Bo Elberling）教授写道，"一切都将无法挽回了。"[12]

2016 年 10 月，在一份关于格陵兰冰盖的报告中，多年来致力于研究沉积层的考古学家托马斯·麦戈文（Thomas McGovern）教授详细阐释了冰盖的快速消融是如何让沉积层的考古遗址化为乌有的，这些遗址存在了上千年之久，我们还远远没有破解它们的秘密：

过去，在一年当中的大部分时候，这些遗址都是被封冻着的。20 世纪 80 年代，我参观南格陵兰岛时，只要跳入人们在五六十年代挖的壕沟里，将四边的土层拨开，就能看到头发、羽毛、羊毛以及保存完好的动物骨头——但我们正在失去这一切，让我这么说吧：我们等于拥有整座亚历山大图

58

书馆，但是它着火了！ [13]

　　麦戈文先生的话令人深深地担忧，尤其在以下两个方面：第一是强烈的失落感。我们触摸历史、了解历史的可能性正在逐渐消失，而这种可能性对于当下的我们来说很可能大有用处。第二项更关乎人类的生死存亡：我们迫切需要更深入地了解我们的世界，收集和处理更多数据信息，让我们建造的关于这个世界的模型更稳健、更准确、更有用。

　　然而我们正朝着相反的方向发展：我们的数据源正在消失，随之消失的还有我们用于建构这个世界的结构。永久冻土层的融化即是一个危险的信号，也是一项隐喻：环境在恶化，我们的认知大厦也在崩塌。当下的确定性建立在人类的地质学知识不断增加、日益明确化的假设之上。想象一个冷却下来、逐渐成形，并以独特而坚实的形式显现出来的地球，总是令人安心的。但是，在西伯利亚，格陵兰岛景观的海绵化表明，我们正在倒退回流体时代，回到那个湿软泥泞、混沌空虚的纪元。在新黑暗时代，我们需要掌握更多流动状态的知识，比过去从实体图书馆中衍生出来的还要多。

　　过去经验得来的知识是应对气候变化灾难性影响的一种路径。但现有的科技和方法也能够在一定程度上给我们提供保护——前提是这些科技和认知策略尚没有受到气候变化的戕害。

59　　科学技术委员会（The Council for Science and Technology）——一家面向英国政府的顾问性机构——在对英国未来的通讯、能源、运输和水资源网络进行检查之后，于 2009 年发布了一项题为

《21 世纪的国家基础设施》（*A National Infrastructure for the 21st century*）的报告，该报告强调，英国的各项国有基础设施，比如因特网，交织在一起，形成了一个"网络系统构成的网络"，然而这个网络却不堪一击，在运输和管理上非常涣散，职责不明确，也缺乏问责机制，并且长期以来得不到财政支持。研究指出，造成上述状况的根本原因是政府不作为，缺少公共的和私人的投资，再加上民众对这如此复杂的网络系统及其运作方式缺乏理解——更不要说去了解它的失败过程了。

　　然而，报告明确指出了英国面临的一项挑战，一项比其他问题更为棘手和紧迫的挑战——正在变化的气候。

　　　应对气候变化是我们面临的最为重要、最为复杂的长期挑战。据估计，气候变化会导致夏季和冬季气温升高、海平面上升、暴风雨加剧、森林火灾、洪涝灾害、热浪现象和能源紧缺（例如水资源紧缺）。现有的基础设施需要适应这些变化，大力向低碳型经济转变。政府在 2008 年颁布的《国家安全策略》中承认气候变化在全世界范围内产生了广泛的影响，是危及全球稳定与安全的最大隐患。唯有有效地应对这一挑战，才能降低基础设施及其他领域的风险。[14]

　　根据这份报告的预测，气候变化所引起的最显著的影响就是其不稳定性和不可预测性。

　　　气候变化、干湿循环加快，会导致土壤运动加剧，饮用

60

水管道和下水道都会更容易破裂……水土流失使水坝更容易
淤积泥沙，强降雨活动则会令其更容易决堤。

次年，一家名为 AEA 的环境咨询机构在提供给政府的另一
项报告中探讨了气候变化对信息通讯技术产生的特殊影响。[15] 该
报告对信息通讯技术的定义是："能够让声音、数据通过电子设
备进行传播、接受、获得、存储和利用的一整套系统和构造"。
这意味着，当今数据时代的一切人造品都可被归入其中：从光纤
电缆、天线到电脑、数据中心、电话交换台和人造卫星。不过报
告没有将输电线列入这一范围内，尽管输电线对于信息通讯技术
也非常重要。（另一方面，科学技术委员会的研究也指出："热
容量是高架输电线路输电的限制性因素之一，它将受到环境空气
温度的影响。全球峰值温度的升高将降低线路的热容量，削弱系
统的输电能力。"）[16]

写给政府的建议报告通常远比政府自己的文件、政策更加清
晰和明确。在美国，尽管执政者一直在否认气候变暖，美军仍然
启动了一项应对气候变化的十年计划。而来自 AEA 的报告则对
气候科学全盘接受，令人吃惊地将网络系统的价值解释得十分清
楚：

> 所有这些人造物构成了一个系统——互相关联、相互依
> 靠，完全交织在一起，根据相互操作性的绝对原则进行运转。
> 信息通讯技术是唯一一组可以超越时空限制直接与用户关联
> 的基础设施，并可以同时利用多条路径实现动态化的实时

61

路由重编。正因为如此，整个网络系统都是国有资产，而非任何单一的零件——网络系统的运作依赖于整体基础设施，也令价值得以产生……虽然网络基础设施是国家资产，网络的价值却远超这一资产，而是取决于它所传播的信息。整个国民经济的运转几乎都要依靠实时数据流的传输、接受和转换——从 ATM 机取钱、刷信用卡、发电子邮件、远程开关控制，到飞机的起飞和降落，乃至打一通普通的电话，无一不是如此。[17]

如果说当代信息网络已经成为了社会的经济与认知架构，那么它又将如何应对气候变暖的问题呢？又或者说，当下它对生态环境造成了哪些破坏呢？

不断升高的全球气温尤其会对数据设施以及在它们周围工作的人产生压力，更何况这些设备已经持续发烫了。数据中心和个人电脑会产生大量的废热，因此需要相应的制冷措施，比如工业用地中占地数英亩的空调系统，又或给个人电脑降温的风扇——如此高温之下，你在 YouTube 网站上打开一个猫咪的视频就能让CPU 过载。气温上升不但会增加制冷成本，还大大增加了宕机的可能性。"在使用之前，你需要将你的苹果手机冷却下来"——当环境温度超过 45℃时，苹果最新款的手机会发出这样一条报错消息。在今天的欧洲，也许人们只有将手机在闷热的车厢放上一天才会收到这样的信息，但等到 21 世纪的下半叶，海湾地区的 62 人们每天都将收到这种信息。在 2015 年，前所未有的热浪席卷了这一地区，伊拉克、伊朗、黎巴嫩、沙特阿拉伯和阿联酋等国遭遇了将近 50℃的高温。

AEA 发表的信息通讯技术和气候报告中列举了几项将会对信息网络造成的特殊影响。在实体基础设施层面，文章指出，网络系统赖以存在的结构实体并非是专门设计出来的，已经无法满足其当前的使用需求，更无法应对气候变化：移动通信基站被安装在教堂的塔顶上；数据中心设在老旧的工业区；电话交换台则位于维多利亚时期修建的邮局中。在地下，下水管道已经快无法承受暴雨和洪水的频频袭击，而光纤电缆却在还穿行期间；电缆着陆点——互联网从海底数据链路上岸着陆的地点——很容易受到海平面上升的影响，尤其在英格兰的南部和东部，这些与欧洲大陆的重要连接点将更容易遭到海平面上升带来的毁灭性冲击；近海海岸的设备容易受到盐水腐蚀，再加上旱涝灾害，土地面积锐减，信号传输塔和传输基站很容易发生倒塌现象。

另外，在电磁频谱中，无线传输的强度和效能会随着温度的升高而降低。大气中光的折射指数与空气湿度息息相关，它对于电磁波的曲率及其衰减的速率有着至关重要的影响。气温升高以及降水增多会使很多点对点数据链的波束产生波动，比如微波信号，同时还会减弱广播信号。随着地球变暖、变湿，我们需要建设密度越来越大的无线电塔，对它们的维护也更加困难。此外，地球植被类型的变化也有可能影响信息的传播。

简而言之，无线网只会变得更糟。一种可能的场景是：不断变化的地面情况将会降低远程通讯和卫星传输运算时所需的参考数据的准确性。准确率一旦降低，广播信号便互相干扰，噪音将完全覆盖信号。人类建立的超越时空限制的系统正在被时空击败。

63

计算深受气候变化的危害，但它同时也是气候变化的推动者。世界各地都建有大型数据中心，用于存储、处理海量数字化信息，截止至 2015 年，这些数据中心大约消耗了全世界 3% 的电量，占全世界排放总量的 2%，其碳足迹大致与航空业相当。2015 年，全球的数据中心消耗了 416.2 太瓦时的电量，远超整个英国所消耗的 300 太瓦时。[18]

随着数字基础设施的增长和全球气温升高带来的积极反馈，这一耗电量还将快速增长。在过去十年间，数字设施设备快速发展，其数据存储和运算能力得到了大幅提升，数据中心的耗能量每隔四年就会翻一番，预计在未来十年里还将增长三倍。根据日本的一项研究，到 2030 年，电子设备的用电需求将会超过整个日本目前的供电能力。[19] 即使是那些宣称要从根本上改造社会的新技术、新发明也未能幸免，例如比特币立志打破等级森严的集权化金融系统，然而它单次交易消耗的能量就相当于九个美国家庭的年耗能量，而如果任由比特币交易量持续增长，到 2019 年，它每年需要的电量将抵得上整个美国的能量总产出。[20]

此外，以上这些数据仅仅反映出了信号处理所消耗的能量，并未将更广泛的数字活动的网络系统考虑在内，这些网络因计算系统的存在而日益壮大。尽管这些数字活动分布零散，经常在虚拟中进行，但也会消耗大量的资源。由于现代网络系统的特质，它们常常处于隐形状态，无法被整合起来。即时的本地能源需求很容易被观察和量化，但与网络的耗能一比，简直微不足道。这 64 就好比人们费尽心思，通过节约型购物和废物循环利用来降低个人垃圾生产量，但其环保的成效在全球工业产生的废物面前，简直微不足道。

2013 年，一份以《云始于煤——大数据、大网络、大设备和大能量》为标题的报告做了如下计算："给平板电脑或智能手机充满电并不会耗费多少电量，但是如果每周用它来看一个小时的视频，其远程网络为此消耗的电量一年下来将超过两个新冰箱的年耗电量。"[21] 有趣的是，这份报告并非出自好心的环保组织之手，相反，它是由美国矿业协会（National Mining Association）和美国清洁煤电联盟 （American Coalition for Clean Coal Electricity）发布的，目的是为了呼吁人们使用更多的化石能源，以满足必不可少的生活需求。

在这份报告中，煤矿大亨们不经意间透露出了一个重要信息：数据使用不仅是定量的，也是定性的。我们看到什么比我们如何看到更为重要，这并不仅仅针对环境而言。一位工业咨询顾问曾在报纸上声称："我们应当为我们使用互联网的目的承担更多的责任……数据中心不是罪魁祸首——它们不过是被社交媒体和移动电话推着走罢了：电影、色情作品、赌博、约会、购物等与图像有关的一切都是元凶。"[22] 像大多数老生常谈的环保宣言一样，人们提出的解决方案不外乎以下几点：加强监管（给数据上税），保守复古（禁止色情作品、从彩色图像回到黑白图像以节约传输成本）或是寄希望于技术上的小修小补（比如使用神奇物质石墨烯）——然而这些荒唐的做法无一能行得通，完全无法对付庞大的网络系统。

随着数字文化的发展变得越来越快速，频带宽度越来越高，越来越以图像为中心，它的成本也越来越高，越来越具有破坏性——不论从字面意义还是比喻意义上来讲，都是如此。数字文化依赖于更多数据、更多能量的输入，并确立图像作为现实世界之象征——同时也是数据的可视化象征——的优先地位。但是这些图像却不再真实，一如我们的未来。就像过去融入了永久冻土层一样，我们的未来也在大气层中飘摇不定。不断变化的气候不仅击败了我们的期望，也让我们丧失了预测未来的能力。

65

2017 年 5 月 1 日午夜刚过，俄罗斯国际航空公司的 SU-270 次航班正在进行从莫斯科到曼谷的例行飞行。就在靠近目的地时，飞机遇到一股超强气流。[23] 在没有收到任何警示的情况下，乘客们被甩出座位。有些乘客撞到了机舱顶后跌落到邻座乘客身上或飞机过道中。机上的视频监控显示，许多乘客躺在道上，昏迷不醒，浑身是血，周围到处都是食物托盘和行李箱，场面一片狼藉。[24] 飞机降落之后，有 27 名乘客被即刻送往医院治疗，其中有好几名乘客骨折。

"我们一下子被猛摔到机舱顶部，完全抓不住东西固定身体，"其中一名乘客对记者说，"感觉颠簸不会停止，我们可能会坠毁。"俄罗斯大使则告诉路透社的记者："有些乘客受伤的原因是没有系好安全带。"新闻发布会上，俄航称："飞机是由富有经验的机组人员驾驶的。机长的飞行时长达 23000 小时，副机长也有 15000 小时的飞行经验。但撞击这架波音 777 飞机的不稳定气流是谁都无法预见的。"[25]

2016 年 6 月，孟加拉湾上空"一阵短暂的强气流"导致马来西亚航空从伦敦飞往吉隆坡的 MH1 次航班上的 34 名乘客和 6 名机组人员受伤。[26] 食物托盘从食品柜中飞出，而新闻媒体发布的照片显示多名乘客戴着颈托，躺在担架上被抬下来。

三个月之后，美国联合航空公司的波音767型号飞机在从休斯敦飞往伦敦的途中，在大西洋中部遭遇了"意外的湍流"，随后紧急迫降至爱尔兰的香农机场。"飞机连续下落了四次。"一名乘客说：

66

> 身体感受到了巨大的拉力。第三次或是第四次下落时，婴儿们被惊醒了，开始号啕大哭。大人们也渐渐醒来，不知所措。我当时想：这不是湍流。这像是一次危及生命的掉落。我此前从未有过这样的感觉，就像是直接被大炮射出去了一样。你被狠狠地往下拉扯，稍停片刻后又继续来了四次。如果没有系上安全带的话，你绝对会被撞破脑袋。[27]

飞机降落时，救护车已经等在跑道上了，16名乘客被送往医院。

1997年，由东京飞往火奴鲁鲁的美国联合航空公司826次航班遭受了有史以来最严重的一次晴空湍流。飞机飞行了大约两小时后，机长接收到其他飞机发出的警告，刚刚打开安全带标志灯没几分钟，这架波音747就俯冲而下，又猛地反弹回来，当时机上的一位乘务长正靠在工作台站着，湍流把他的双脚甩到空中，身体被完全被倒置过来。

一名乘客由于未系安全带，飞离了座位，直接撞到舱顶，最后跌落在过道上，当场失去了意识，并且流血不止。尽管乘务人员和一名医生乘客多次对她进行心肺复苏，该乘客还是在不久之后被宣布死亡。尸体解剖显示这名乘客的脊椎遭受了严重的损伤。飞机不得不调转方向，最终安全降落在东京，15 名乘客因为脊柱、颈部骨折，被送往医院接受治疗，另外还有 87 名乘客因擦伤、扭伤等其它小伤需要接受治疗。这架飞机随后便退役了，再也没有起飞。

美国国家运输安全委员会（US National Transportation Safety Board）在其提供的一份报告中称，根据飞机内置的传感器显示，在第一次强力俯冲时，该飞机的法向加速度峰值达到 1.814G，随后立刻跌至 –0.824G。飞机还不可控制地倾转了 18 度，在没有任何视觉或机械提示的情况下，机长完全无法预测下一步将会发生什么。[28]

在一定程度上，人们可以通过研究天气来判断湍流的情况。国际民用航空组织（The International Civil Aviation Organization）每天都会发布"重要天气图表"，详细记录了云的高度、云量、风速、锋面和潜在的强气流等天气情况。用来表示湍流可能性的符号标志是理查森指数（Richardson Number）——没错，就是同一个刘易斯·弗雷·理查森。在 20 世纪 20 年代发表的一系列有关数值天气预测研究的气象学论文中，理查森推导出了这一测量方法。通过研究不同大气区域之间相关的气温和风速（如果能够得到这些数据的话），我们就有可能定位这些区域之间潜在的湍流。

晴空湍流之所以如此命名，恰恰是因为它会毫无征兆地出现。当空中速度完全不同的气体相遇时，湍流就会产生：风的对抗运动产生了漩涡和无序运动。尽管已有大量关于晴空湍流的研究，

68

图片来源：World Area Forecast Centre London

伦敦世界区域预报中心于2017年10月24日发布的"欧亚大陆重要天气图表"

特别是针对长途航班的必经之地——高空对流层的研究，但是我们现在依然难以对其进行探测和预测。由于这个原因，与风暴边缘和大范围天气系统中发生的可预测形式的湍流相比，晴空湍流更具危险性，因为机长根本无法事先做好准备，也无法绕道而行。更糟糕的是，晴空湍流的发生率每年都在升高。

尽管类似前文中提到的关于湍流的奇闻已经被广泛报道，仍有许多具有国际影响力的湍流事件不为人所知，并且数量难以估计。在一份美国联邦航空管理局（US Federal Aviation Administration）发布的如何防止湍流损害的公告中，湍流事故频率近十年来持续升高，每百万次飞行的事故率从 1989 年的 0.3 次上升至 2003 年的 1.7 次。[29] 现在的数据早就远远不止于此了。

湍流次数升高的原因是大气中二氧化碳含量越来越高。2013 年，在一篇发表于《自然气候变化》（*Nature Climate Change*）上的文章中，来自雷丁大学国家大气科学中心的保罗·威廉姆斯（Paul Williams）和来自东安格利亚大学环境科学学院的马诺伊·乔西（Manoj Joshi）详细阐述了气候变暖对跨大西洋航行的影响： 69

> 在这里我们通过气候模拟模型发现，在环大西洋航线上，一旦大气中二氧化碳的浓度翻倍，晴空湍流就会发生显著的变化。在冬季北纬 50°—北纬 75°、西经 10°—西经 60° 航行范围之间，绝大多数晴空湍流的强度中位值上升了 10%—40%，中等或更强烈的湍流发生的频率提高了 40%—170%。我们的研究结果表明，到本世纪中叶，气候变化将使环大西洋航行更加颠簸。飞行时间可能会增加，燃油消耗和

废气排放量也会增加。[30]

这项湍流研究的作者再次强调了湍流增强所带来的反馈性质："飞行是导致气候变化的部分原因，而我们的实验结果首次表明气候变化也会反过来影响飞行。"受影响最严重的将会是繁忙的亚洲、北大西洋空中走廊，这些区域势必会出现大量航班中断、延误和损坏的情况。未来将会是颠簸的，我们甚至正在失去预测这些震荡的能力。

我在伦敦南部的郊区长大，就在希斯罗机场入站航线的正下方。每天下午六点半，从纽约飞来的一架协和式飞机都会从头顶轰隆而过，把我们的门窗震得摇摇晃晃，剧烈的震荡让它看起来更像一艘宇宙飞船。它于 1969 年进行了首次飞行，并在 1976 年开始执行定期航班服务，至今已经飞行了几十年了。乘坐协和式飞机进行环大西洋航行只需要三个半小时——如果你能支付得起的话，因为最便宜的往返机票也要 2000 英镑。

1997 年，摄影师沃夫冈·提尔斯曼（Wolfgang Tillmans）展出了 56 张协和式飞机的照片，与我记忆中的完全一致：从地面而非豪华的客舱中望去，飞机像一支黑色箭头轰隆地从空中碾过。在展览目录中，提尔斯曼评论道：

> 在所有上世纪 60 年代技术乌托邦式的发明当中，协和式飞机也许是至今仍在使用的最后例证。它充满未来主义风格的造型，惊人的速度和震耳欲聋的声音至今仍然像 1969 年它第一次起飞时那样抓住人们的想象力。协和飞机设计于

协和式飞机，沃夫冈·提尔斯曼于 1997 年拍摄的作品《协和网格》
（Concorde Grid）的细节图

1962 年，尽管它对环境会造成噩梦般的破坏，但在当时科学技术被认为是解决一切问题的密匙——即使是天空也不能构成对科技的限制……对于少数精英来说，协和式飞机显然意味着一次奢华但拥挤并且有些无趣的旅程；对于观看它飞行、降落或起飞的人来说，则是另一番免费的奇观，一次了不起的现代时空错乱。它已经成为了人们渴望通过科技超越时空限制的某个象征。31

2003 年，协和式飞机完成了最后一次飞行。它的退役一方面是因为它奉行的精英主义路线，另一方面是由于三年前法国航空公司 4590 次航班在巴黎郊区致命的坠落。对于很多人来说，协和式飞机的陨落意味着某种对于未来构想的终结。

现代飞机身上几乎已经看不见协和式飞机的踪影了，相反，最新近的客机则是技术渐进的产物：更高质的材料、更有效率的引擎、适应性更强的改良型机翼设计——而非协和式飞机所倡导的激进式变革。在所有这些新型客机的改进设计中，我最喜欢的是用于修饰翼尖的"翼梢"设计。这是一项最近才诞生的发明，最早是由美国国家航空航天局为应对 1973 年的石油危机开发出来的，逐渐改进后为商用飞机所采用，主要功能是提高燃油效率。这项发明总让我想起巴克敏斯特·富勒[1]位于马萨诸塞州剑桥镇的墓碑上写的墓志铭："请叫我小舵板。"在飞行过程中大量实施微小的调整，这是我们目前还能够做到的。

---

[1] 巴克敏斯特·富勒（Buckminster Fuller, 1895—1983）：美国建筑师和发明家，著有《设计革命：地球号天空船操作手册》等。——译者注

历史——进步——并不总是一蹴而就的，也并不是一条阳光灿烂的坦途。这不是在怀旧——何况我们不可能回到过去。相反，我们需要承认我们的当下已经与线性的时间脱节了，并且正以至关重要但却令人困惑的方式偏离历史本身的概念。在这种情况下，一切都变得晦涩难懂，无法明确。发生改变的不是未来的向度，而是未来的可预见性。

2016 年，在《纽约时报》上刊载的一篇社论中，计算气象专家、美国气象协会前会长威廉·盖尔（William Gail）列举了一些人类千百年来不断研究、却被气候变化扰乱的模式：长期天气趋势、鱼类的产卵和迁徙、植物授粉、季风和潮汐的周期以及"极端"天气事件的发生。对于大部分有人类记录的历史而言，这些周期差不多都是可预见的。人类建立了庞大的知识宝库供自己汲取养分，使我们日益复杂的文明得以存续下去。在这些经验的基础上，人类逐渐提升了预测未来的能力：知道一年四季什么时候开始种植农作物，并有能力预测旱情和森林火灾，洞悉捕食者和猎物之间的动态关系，还能够估算农业和渔业产值。

文明本身的延续离不开精准的预测能力。然而，随着生态系统的崩坏，百年不遇的风暴正在不断袭击我们，人类赖以延续文明的这项能力正在下降。缺乏精确的长期预测能力，农民将无法在恰当的时机播种农作物；渔民将无法在正确的地方捕捉到鱼类；我们也没有办法根据以往的规律制定出防洪、防火的计划，也无法确定能源和食物的储存量和需求量。盖尔预见到：今后我们的子孙后代对世界的认知将会比我们更少，相应地，随着社会复杂性的提高，他们将会遭受更多的灾难性事件。[32] 他甚至猜测也许

73 我们已经越过了"知识顶峰",正如我们已经越过了石油峰值时代。这就是我们即将面对的新黑暗时代。

哲学家蒂莫西·莫顿(Timothy Morton)将全球变暖称为"超物体"(Hyperobject)。超物体意指那些围绕着、笼罩着、包裹着我们的物体,那些过于巨大以至于我们无法窥见其全体的大物。大多数情况下,我们只能通过其对其他事物的影响来感受到超物体:一块正在融化的冰川、一片正在干涸的大海、一架跨大西洋航班的一次震动。超物体有关的事件随时随地都在发生,但是我们永远只能从局部感受它的存在。有时超物体给我们留下的印象是私人化的,因为它对我们的影响很直接;有时我们又会把它当成某种科学理论,只存在于我们的想象中。事实上,超物体独立于我们的意识之外,也无法被人类的手段测量和描述,它们是超然于外的存在。因为它是如此的贴近我们,却又如此难以察觉,我们根本无法用理智的语言来描述它,也无法用传统的方法去把握它。气候变化是一个超物体,核辐射、进化和因特网通通都是超物体。

超物体最显著的特点之一是我们只能通过它留在其他物体上的痕迹来感受它。因此,构建超物体的模型需要大量的计算。只有在网络系统层面,通过分布广泛的传感器系统、时空维度上海量的数据与运算,我们才有可能把握它。科学的记录保存变成了某种超感官的知觉形式:知识生产实现了网络化、共有化,同时超越了时间的限制。我们惯常的思维方式总是在触摸和感受中把握那些无法触摸、不可感知之物,同时也习惯于摒弃那些超出人类无法思考范围的事物。这与超物体的知觉形式特征截然相反。

关于气候变化是否存在的辩论实际上也是一场关于我们如何思考的辩论。

然而，我们已经快要无法思考了。在前工业化时代，大约从公元 1000 年到 1750 年，大气中的二氧化碳浓度一直保持在 275—285ppm（百万分率）——这一数据是通过研究北极冰核得出的数据，如今这种知识来源也在消失。自从工业化时代的开端以来，全球二氧化碳浓度开始升高，并在 20 世纪初达到 295ppm，很快又在 1950 年突破了 310ppm。这种趋势——又称基林曲线（Keeling Curve）——一直在向上走，曲线越来越陡，1970 年是 335ppm，1988 年是 350ppm，而 2004 年达到了 375ppm。基林曲线以科学家基林[1]命名，1958 年他在夏威夷的莫纳克亚天文台开创了这一现代测量方法。

2015 年，大气中的二氧化碳浓度超过了 400ppm，上一次出现这种情况至少要追溯到 80 万年前。目前这一增长速度毫无减弱的迹象，预计到本世纪末，空气中的二氧化碳浓度将会超过 1000ppm。

一旦浓度达到 1000ppm，人类的认知能力将下降 21%。[33]二氧化碳浓度越高，我们就越无法清醒地思考。在一些工业城市，室外的二氧化碳浓度已经突破了 500ppm；而在一些室内环境中，比如通风不佳的住房、学校和工厂，浓度甚至超过了 1000ppm——就在 2012 年，加利福尼亚州和德克萨斯州的许多学

---

[1] 查尔斯·大卫·基林（Charles David Keeling，1928—2005）：美国科学家，他在莫纳克亚天文台对全球二氧化碳含量的测量研究，第一次让全世界注意到人为因素对"温室效应"和全球变暖的可能。——编辑注

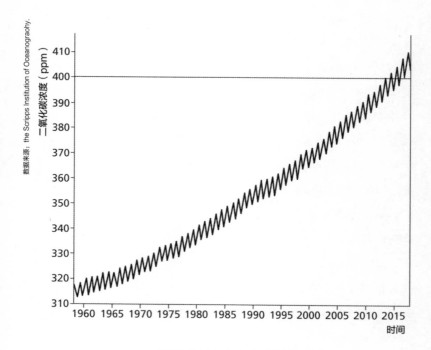

2017 年 10 月 21 日的基林曲线

校已经被测出其室内二氧化碳浓度超过了 2000ppm。[34]

二氧化碳给思维蒙上了一层阴霾：它直接削弱了我们清醒思考的能力。更要命的是，我们正把它融入我们的教育领域，并往大气层中源源不断地排入更多二氧化碳。全球变暖的危机也演变成为了心智的危机、思考的危机，它让我们无法思考其他的可能性。不久之后，我们将彻底失去思考的能力。

人类认知能力的下降体现在跨大西洋航线的崩塌上，体现在通讯网络的破坏中，也体现在多样性的消失和历史知识宝库的消融上：这些都是我们无法从网络系统层面进行充分思考的征兆，也预示着我们无法从文明的宏观层面思考和行动。人类为拓展自身生命系统而建立的结构，我们对世界的认知以及与世界的触觉界面，是我们感受被超物体主宰的世界的唯一工具。但问题是：我们才刚刚开始有所感知，而我们的感知能力却在逐渐消退。

我们对气候变化的思考正在被气候变化自身所破坏，正如不断坍塌的地面损坏了通讯网络，也正如我们无法构思复杂的系统，从而对环境和技术变化之间复杂的关系进行讨论并采取行动。但是就当下而言，我们的核心危机来自不断超物体化的互联网：互联网与我们的生活方式，以及我们对互联网的思考方式密不可分。也许因特网在超物体当中，也是一个特殊的存在，作为一种新兴的文化形式，它代表着我们有意或无意的与数学、电子、硅和玻璃纤维沟通对话的渴望。对这一网络的使用或滥用加剧了当前的危机（这一点我们在后面几章中会谈到），然而这并不意味着互联网会完全令人心灰意冷。

我们很难对互联网进行有效的思考，这一点让它成为了对人类建构的现实世界的最佳表征。我们将它放在口袋中、修建电缆传送它、启用数据中心对它进行运算，但是它仍然无法被简化为互不相连的单元。它是非局部的，具有与生俱来的矛盾性，而这也正是世界本身的境况。网络的创造是一个持续的、刻意的、同时又是不知不觉的过程。在一个新黑暗时代，我们必须承认这些矛盾性和不确定性，承认我们处于完全无知的状态。因此，对网络的正确理解可以指导我们思考其他的不确定性，我们必须让这些充满不确定的东西显露自身，这是我们对其进行思考的前提。对付超物体需要对作为观看方式、思考方式和行为方式的网络充满信心。网络打破了时间、空间以及个体经验之间的界限，让我们能够思考新黑暗时代带来的种种挑战。它坚持与事物的本体及其不确定性紧密相连。面对社会的日益原子化和疏离化，网络不断言说着万物互联、不可分离。

第四章

运 算
CALCULATION

科幻小说家的时间观通常与普通人不同，他们甚至有一个专
门的词用来表示那些同时出现的发明："蒸汽机时代"。威廉·吉
普森（William Gibson）这样描述道：

> 在科幻小说界，有一种说法叫做"蒸汽机时代"，意思
> 是指 20 或 30 个不同的作家突然开始创作同一主题的作品。
> 之所以叫做"蒸汽机时代"，是因为蒸汽机的情况也是如
> 此——没有人知道蒸汽机为何突然就出现了。托勒密曾经论
> 证过蒸汽机的机械原理，从技术上来讲，罗马人就完全有可
> 能发明大型蒸汽机。他们已经能够制作小型的蒸汽机玩具，
> 也拥有足够的金属加工技术，但他们就是没有想到去发明蒸
> 汽机。[1]

蒸汽机在"蒸汽机时代"的诞生，几乎就是神秘的、宿命般的操作，因为它完全存在于人类对历史进程的认知框架之外。这项奇特的发明创造需要不同的条件（都是让我们意想不到的想法和事件）凑在一起，所以它的问世就像一颗新起之星：魔幻奇妙、闻所未闻。但是科学的历史表明，所有的发明都是由不同的发明家不约而同地创造出来的。世界上最早的磁学著作分别独立诞生于公元前 600 年的希腊和印度以及公元 1 世纪的中国。鼓风炉诞生于公元 1 世纪的中国和 12 世纪的斯堪的纳维亚半岛。中间并非没有交流传播的可能，但是坦桑尼亚西北部的哈亚人掌握制铁技术已有两千年之久，远远早于这项技术在欧洲的发展。17世纪，莱布尼茨、牛顿等人分别独立推导出了微积分公式。18 世纪，氧气的提法几乎同时出现在卡尔·威廉·席勒（Carl William Scheele）、约瑟夫·普里斯特利（Joseph Priestly）和安托万·拉瓦锡（Antoine Lavoisier）的作品中。在 19 世纪，阿尔弗雷德·罗素·华莱士（Alfred Russel Wallace）和查尔斯·达尔文同时提出了进化论。这些历史揭穿了英雄史观的谎言——在这些英雄的故事中，孤独的天才总是埋头劳作，然后一鸣惊人。历史是互相关联的、非线性的："蒸汽机时代"是一个多维的结构，困于时代之中的人往往对其视而不见，但却不能毫无察觉。

尽管存在着这样的深度现实，人们依然喜欢听到合理的故事：能够让人们厘清来龙去脉、存在合理的动机、情节层层推进，大多数读者感觉故事就应该这样展开——因为这是故事本身的需要。

2010 年，万维网之父蒂姆·伯纳斯·李（Tim Berners-Lee）

在威尔士的一个帐篷里做了题为"万维网诞生始末"的讲座。[2]李在这场轻松愉快的讲座中，对计算本身做了详尽的解释。这同时也是个谦逊的英雄故事。李的父母康威·伯纳斯·李和玛丽·李·伍兹都是计算机科学家，1950 年，两人在曼彻斯特开发费伦蒂马克 1 号（Ferranti Mark I）——世界上第一台通用型商业电子计算机——时相遇并结婚。康威后来发明了编辑、压缩文档的技术，玛丽则研发了伦敦公交车的模拟路线，这项发明能减少公交车的延误时间。李称他的童年"充满了计算"，他做的第一组实验就是用钉子和弯曲的铁网制作磁铁和开关；他的第一个设备是一柄可以远程控制的手枪，看上去像捕鼠器，可以拿它来捉弄自己的兄弟姐妹。他注意到，晶体管几乎和他在同一时间诞生，所以当他上初中的时候，就可以在托特纳姆法院路的电器商店里买到成包的晶体管。很快，他就开始制作非常简陋的电路，安在门铃和防窃报警器上。随着他的焊接技术越来越好，可供选择的晶体管也越来越多，他开始能够搭建更复杂的电路。第一个集成电路的出现让他可以用旧电视制作视频显示器，直到他拥有了制造电脑的所有零件——虽然没能成功造出电脑，但也无妨。这时的他已经考入大学，学习物理专业。毕业后，他在一家公司负责电子打印机的排字工作。后来他加入了欧洲核子研究组织（CERN），在这里，他提出了"超文本"的构想——在此之前，范内瓦·布什和道格拉斯·恩格尔巴特（Douglas Engelbart）都阐述过这一构想。由于他所工作的地方需要研究人员相互之间共享相关信息，他将这一想法运用到了传输控制协议和域名系统中，并由此促成了互联网的兴起——看！万维网就这样诞生了，一切都像命中注定一样。

当然，这只是讲故事的一种方式，然而由于这个故事看起来合情合理，所以能够引起我们的共鸣：它描绘了一项发明诞生的上升弧——朝着正确的目的地一路攀升。辅之以发明者传奇的个人史，一步步通向了那灵光一现的瞬间，天时地利，一切都刚刚好。万维网的发明得益于微处理器、远程通讯和战时工商业需求、其他一系列的发明和专利、企业研究资金、学术论文，甚至李的个人家庭历史；但是同时也是因为人类社会已经到了"万维网时代"：一时间，文化和技术通通汇集到了一起，从古代中国的百80 科全书到缩微胶片检索再到博尔赫斯的短篇小说，无所不包。万维网必不可少，它适时地出现在了时间轴上。

计算尤其倾向于对历史做出这样的辩护性解释，以证明其自身存在的必要性和必然性。技术预言自我实现的必要条件被称为"摩尔定律"，最早由戈登·摩尔（Gordon Moore）1965 年发表在《电子学》（*Electronics*）的一篇论文中提出。摩尔是仙童半导体公司（Fairchild Semiconductor）的联合创始人，同时也是因特网的创始人，他的洞见在于：晶体管产业——正如李所记录的，当时问世还不到十年——正在迅速萎缩。他表示，每个集成电路可容纳的元件数目会逐年翻倍，并且预测之后十年都会如此。反过来，初始计算能力（raw computing power）的快速增长会带动更多奇妙应用的诞生："集成电路会创造很多奇迹，比如家用电脑——至少是与一台中央电脑相连的终端设备、自动驾驶汽车、81 个人便携式通讯设备。今天，电子手表只需一个显示屏就能使用。"[3]

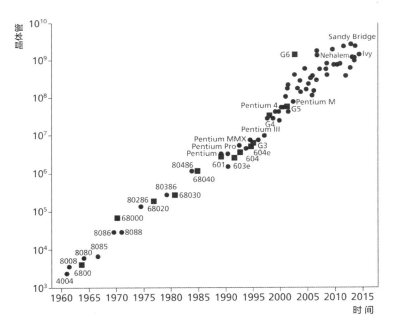

摩尔定律

十年之后，他对定律稍作修改，认为（集成电路可容纳的元器件数目）会每两年翻倍，也有人提出是十八个月。尽管不断有声音称它不久就会失效，但直到今天，这条黄金定律大致上仍然适用。1971 年，半导体的特征尺寸（feature size）——单个设备的最小物理尺寸为 10 微米，相当于人类头发直径的五分之一。到了 1985 年，这个数值降低到了 1 微米，随后在 2000 年左右，又降到 100 纳米——相当于一个病毒的直径。2017 年初，特征尺寸为 10 纳米的半导体已经可以应用到智能手机上了。以前人们认为，7 纳米以下的微型化设计是不可能的，因为在那样的尺度之下，电子可以通过电子隧道自由地穿越任一表面。然而事实正好相反，未来的晶体管可以利用这个效应，制作原子大小的芯片。甚至有人预测，未来会出现由 DNA 以及经过纳米工程改造的蛋白质组成的生物芯片。

到目前为止，一切都很顺利。微型化原则的推进和计算能力的飙升像不断高涨的海浪，伯纳斯·李乘着海浪越过 60 年代、70 年代和 80 年代，顺风顺水地将我们推向万维网和当下的互联时代。但是摩尔定律，尽管名字这么叫（摩尔自己已经有 20 多年没使用过这一术语），其实并非是一条"定律"。事实上，它是一种预测和投射，既是来自数据的推断，同时也是我们有限的想象力创造出来的幻影。它常常混淆不清，就像人类的认知偏见让我们更偏爱英雄历史，只不过摩尔定律所指的方向不同。在认知偏见的误区中，我们常常认为历史事件会朝着不可避免的进程方向发展，最终促成了我们所处的现在，摩尔定律则将该进程一直延伸到未来。尽管这条所谓的定律尚不能确定真伪，它仍从根本上具有塑造未来和影响人类其他预测的能力。82

摩尔定律起初只是即兴的观察，后来却发展成为漫长的 20 世纪的主题，获得了类似于物理法则的神圣光环。但是与恒定的物理法则不同，摩尔定律是依情况而变的。它不仅受限于制作工艺，还依赖物理科学的发现以及支撑投资和市场的经济、社会体系。它还取决于消费者的购买欲望：人们会更青睐每年越来越小、越来越快的发光物件。摩尔定律不仅是技术和经济的，它还是欲望的。

自 20 世纪 60 年代开始，集成电路的快速发展影响了整个计算工业：每年都会产生全新的芯片类型，这主要取决于半导体的发展。没有任何一家硬件制造商或软件开发商能够支付独立开发设备的成本，它们倾向于从少数销售商那里购买越来越密集、功能越来越强大的芯片。制造芯片的厂家决定了计算机的形态，直至其呈现给终端消费者。这造就了软件工业的增长：摆脱了对硬件制造商的依赖，软件也不再需要销售商。先是出现了微软、思科（Cisco）和甲骨文（Oracle）等垄断商业巨头，接着又形成了经济、政治和意识形态重地——硅谷。由于资源稀缺，早期软件开发商需要不断优化它们的代码，为复杂的算法难题找到更简洁经济的方法。然而，初始计算能力的快速增长意味着程序员只需要静待十八个月，就可以等到双倍性能的机器。当下一个销售季 83 来临时就又会有大量的新资源，那为啥还要精打细算呢？最终，微软创始人的名字成为了另一条计算科学法则：盖茨定律（Gates' Law）。根据盖茨定律，由于编码的浪费、低效和冗余码的出现，软件运行速度每隔十八个月就会减半。

盖茨定律是摩尔定律的真正继承者。当软件占据社会核心位置时，它不断增长的功率曲线就与进步本身的概念紧密地联系在一起：我们将迎来一个富足的未来，而现在我们只需以逸待劳。一开始的计算法则蜕变为经济法则，并最终上升为一项道德法则——因为它同时也对膨胀与堕落有自己的标准。甚至摩尔自己也非常满意自己创造的理论得到了广泛应用。在庆祝该词诞生的40周年纪念日上，他告诉《经济学人》（*Economist*）："摩尔定律打破了墨菲定律。一切都变得越来越好"。[4]

今天，由于摩尔定律的应用，我们生活在一个算法无处不在的时代，生活在拥有无限运算能力的"云"中，摩尔定律在道德上和认知上的影响渗入到生活的方方面面。尽管量子隧穿机和纳米生物工程师都在尽力而为，不断突破发明的极限，我们的科技发展速度已经开始向哲学的发展速度看齐。就目前而言，适用于半导体研究领域的方法并不适用于其他领域：不能再作为科学定律、自然法则和道德法则。倘若我们批判性地看待科技向我们传达的信息，我们就能辨别到底我们出了什么问题。数据中的错误很明显——然而我们却经常引用数据作为讨论问题的依据。

2008 年，克里斯·安德森[1]在发表于《连线》（*Wired*）杂志上的一篇题为《理论的终结》（*End of Theory*）的文章中提出，如今大量的数据摆在研究者的面前，传统的科学研究方法已经过时。[5]科学家们再也不需要建立模型并用样本数据进行检验。相反，庞大的计算机集群可以处理纷繁复杂的数据组，并且自己就

84

---

[1]　克里斯·安德森（Chris Anderson，1961 年— ）：美国《连线》杂志（*Wired*）总编辑。提出了"长尾理论""免费经济学"等经济学概念。——编辑注

能生产出真理："只要有足够多的数据，真理将不言自明。"安德森举了谷歌翻译算法的例子：它不需要掌握语言的深层结构，只需要利用大量的翻译文本库，就可以实现不同语言的转换。他将这种方法延伸至基因组学、神经学和物理学中，在这些领域，越来越多的科学家使用计算来解读复杂系统中的海量信息。在大数据的时代，他说："只要有相关性就可以了。我们不再需要建立模型。"

这就是大数据的神奇之处。你不必真正了解或懂得你所研究的内容；你只需要对数据信息中浮现的真理充满信心。从某种意义上来讲，大数据悖论是科学化约主义（scientific reductionism）的逻辑后果：这一信条认为，通过把复杂的系统分解成多个组成部分，并对其进行孤立研究，我们就能够理解整个系统。如果能与我们的真实体验相一致，那么这种化约主义研究方法也是能够站得住脚的。但事实上，它被证明存在着不足之处。

仅仅依靠大数据将不利于科学研究，这一点在医药研究领域 ₈₆ 尤为明显。过去六十年间，尽管医药工业取得了巨大的发展，针对药物研发的相应投资也不断增加，但与投入研究的资金相比，新药物的发明速度却在持续地、明显地下降。自 1950 年以来，在每十亿美元投资的药物研发项目中，新药的数量每隔九年就会减半。这种下降的趋势非常明显，科学家们甚至创造了一个新的词汇来描述这一现象："尔摩定律"（Eroom's Law）——就是将摩尔定律倒过来拼写。[6]

尔摩定律证明，在科学界，人们已经逐渐意识到科学研究方法出现了严重的问题。在不同因素的影响下，不仅新发明的数量

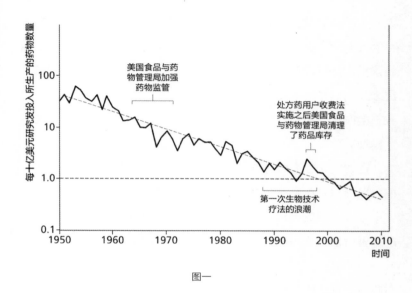

图一

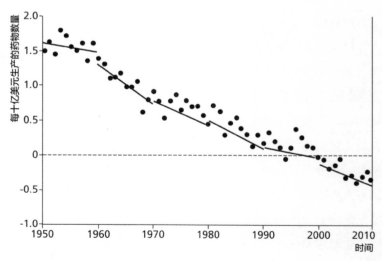

图二

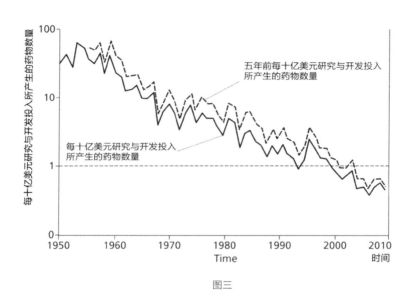

图三

医药研究和开发中的"尔摩定律"

图一：研究与开发效率的整体趋势（去除通胀因素后）
图二：十年间的下降率
图三：扣除投入产出间的五年滞后时间

数据来源于 Jack W. Scannell, Alex Blanckley, Helen Boldon 和 Brian Warrington 合著的文章《医药研究与开发效率降低原因探析》，发表于 2012 年 3 月《药物发明自然评论》第 11 期，第 191—200 页

在减少，而且也变得越来越不可信。

衡量科学进步的一个标准是看科学期刊中发表的论文数量及相对应的论文撤回量。全球各大科学期刊每周都会发表数以万计的科学论文，其中只有一小部分会被撤回，然而这仍然引起了科学界的深深担忧。[7] 2011 年的一项研究表明，过去十年间，论文撤回量增长了十倍，人们开始竞相研究这一问题，试图找到根本原因。[8] 最令人感到意外的是，论文的撤回指数和期刊的影响因子[1]之间存在非常强的相关性；也就是说，论文发表在越高级别的期刊，则越有可能被撤回。

一项后续研究发现，超过三分之二的撤回文章都属于生物医学和生命科学领域，并且是由于研究者学术行为不端，而非无心之错。研究者表示，这一结果只是保守的估计，因为许多造假行为没有被揭露出来。[9]（有调查为证：虽然只有 2% 的科学家承认伪造过数据，但却有 14% 的科学家称他们知道有人这么做。）[10] 不仅如此，在被撤回的论文中，造假论文的比例还在持续增加。[11] 这让许多科学家感到震惊，因为他们普遍认为大部分被撤回的文章都是由于真诚的失误而已。此外，还有许多没有被撤回的文章成为了害群之马，令造假之风愈演愈烈。

历史上曾发生过多起资深研究员长期造假事件，备受关注。20 世纪 90 年代末，韩国生物技术专家黄禹锡（Hwang Woo-suk）在克隆牛、克隆猪领域颇有建树，是世界上最早开展克隆的一批科学家之一，被称为"韩国的骄傲"。尽管从未提供出经科学研

---

［1］　影响因子（Impact Factor）：指某一期刊的文章在特定年份或时期被引用的频率，是衡量学术期刊影响力的一个重要指标。——译者注

究证实的数据，他却是媒体的宠儿，经常能拍到他与政客们在一起的合照，大大提升了韩国民众的民族自尊心。2004 年，他宣称成功克隆出了人体胚胎干细胞（此前一直被认为是不可能的），一时间名声大噪。然而，不久便有人指控他强迫自己的研究员捐献卵子。但这并未影响《时代》杂志将他评选为"年度风云人物"，称他"证明了人类克隆不再是科幻小说，已经成为现实"。[12] 政客们、各大爱国报纸公开反对针对黄禹锡的伦理调查，甚至有民众为此上街集会，还有超过千名的女性承诺捐献卵子支持他的研究。尽管如此，真相还是在 2006 年被揭露了：黄禹锡的论文被证明完全是胡编乱造。他的论文被撤回，本人也被判两年缓刑。

2011 年，荷兰蒂尔堡大学社会与行为科学系的系主任德里克·斯塔佩尔（Diederik Stapel）不得不引咎辞职，因为有人发现凡有他署名的文章均伪造了研究结果，甚至他的一些毕业生的文章也涉嫌造假。斯塔佩尔和黄禹锡一样，在本国都非常出名，他发表了许多研究成果，在荷兰引起了不小的轰动。例如，2011 年，他发表了一项在乌得勒支（Utrecht）火车总站进行的研究实验，宣称肮脏的环境更容易引发种族主义行为；而在另一篇论文中，斯塔佩尔声称吃肉让人变得更自私和反社会。[13] 两项研究都是基于子虚乌有的数据所得。谎言被揭发后，他辩称这么做都是因为害怕失败，因为学术界的发表压力很大，他必须得经常发表有影响力的论文才能保住教职。

黄禹锡和斯塔佩尔的例子是少数，但是却能透露出为何越是有影响力的期刊越有可能撤回论文：这些文章的论点都非常宏大，承受着来自同行和社会的压力也最大。但是，一系列相关的因素

88

却让骗局很容易被拆穿：科学研究日益公开化、科技出版物检测技术的应用、同行科学家（特别是青年科学家）的质疑等等。

开放阅览项目和在线分发技术让越来越多的科学论文可以被更多的人阅读，也使其暴露在更多人的审视目光之下。这些审查不仅来自人类：许多大学和公司开发了一系列产品，通过将学术论文与已经发表的出版物的大型数据库进行比对，可自动检查出作者是否存在抄袭行为。反过来，学生也同样发明了一些应对技巧：如"Rogeting"软件，得名于《罗格同义词词典》，里面有许多仔细甄选的同义词供学生替换掉原文中的词汇，以此欺骗算法。作者和机器之间展开了一场"军备竞赛"，最新的抄袭探测器已经能够自动剔除文章中可能被替换过的冷僻字词。但是，无论抄袭还是彻头彻尾的造假，都无法解释科学领域内所面临的更大的危机：可复制性。

89　　　复制是科学研究方法的基石：它要求任何实验都能够被另外一组独立的研究人员重复完成。然而事实上，几乎没有实验能被成功复制——尝试得越多，失败得越惨。2011 年，弗吉尼亚大学的开放科学中心启动了"再现性项目"（Reproducibility Project），试图复制五项划时代的癌症研究结果：同样的实验设定、同样的实验进程，理论上应该能得出同样的结果。每项实验都曾经被引用过数千次，成功的复制应该不成问题。然而，尽管进行了小心翼翼的重构，最后只有两项实验被证明是可复制的，另外两项结果未明，还有一项则完全失败了。不仅仅医学界存在这样的问题，《自然》杂志展开的一次综合研究显示，在科学家们试图再现其他科研成果的努力中，有 70% 都以失败告终。[14] 从医学到心理学，生物学到环境科学，这些领域的研究者无一不认识到，也许很多研究工作的基础都是有问题的。

危机背后的原因多种多样，就像学术诈骗这类，出现这样的危机一部分是因为研究变得越来越透明，评估工作也越来越可行。然而，从科研人员面临的发表压力（重压之下，他们往往会对有问题的结果添油加醋，并悄悄抹除反面例证）到形成科学结论的实验方法，科学界还存在着很多更具系统性的问题。

其中最具有争议性的做法是 P 值篡改。P 指的是概率，代表某项科学实验的结果是否具备统计意义。在许多场合下，P 值很容易算出来，于是 P 值就成为了科学实验的一个常用指标。当 P 值小于 0.05 时，就意味着研究结果是偶然得出（假阳性）的几率低于 5%。在许多学科中，P 值小于 0.05 被认为是衡量一项科学假设正确与否的基准线。然而由于这一共识，低于 0.05 的 P 值逐渐成为了研究者的追求目标，而非衡量手段。许多研究人员为了达到特定的目的，从庞大的数据库中有选择性地进行数据提取，以支持任意特定假设。

为了说明 P 值的算法，我们以掷骰子为例。假设绿色骰子和其他骰子不同，被动过手脚。我们取出 10 个绿色的骰子，将每一颗骰子投掷 100 次。在这 1000 次投掷中，其中 6 点朝上的次数是 183 次。如果骰子是完全公平的，6 点朝上的次数应该是 1000/6，也就是 167 次。这个结果偏高了。为了确定实验的有效性，我们必须算出实验的 P 值。但是 P 值跟假设并没有关系：它计算的是偶然投掷出 183 次及以上 6 点的概率。在我们投掷的 1000 次骰子当中，这一概率只有 4%，即 P=0.04——这一数值（小于

0.05）是被科学界所认可的，我们的实验结果便可以申请发表。[15]

为何人们不认为这样荒谬的操作过于简单呢？也许本不该如此——但是它确实是有效的。它方便人们计算和阅读，越来越多的期刊开始拿它作为标准，筛选成千上万投稿的简便方法。除此之外，P 值篡改靠的不仅仅是机缘巧合。许多研究者可以对大量的数据进行梳理，以便找到他们想要的结果。比方说，除了绿骰子之外，我还可以投 10 个蓝骰子、10 个黄骰子和 10 个红骰子等等。我可以选择 50 种不同的颜色，其中大部分情况下的投掷结果会接近平均值。但是，投的次数越多，就越可能得到一个罕见的结果，这个结果正好是可以用来发表的。这种做法给了 P 值篡改一个新的名称：数据捕捞（data dredging）。数据捕捞在社会科学领域尤其臭名昭著，主要原因就在于来自社交媒体和其他来源的行为大数据数量大幅度骤升，让研究者有机会迅速获取大量信息。然而 P 值篡改行为普遍存在于各个学科，并不仅限于社会科学界。

2015 年，一份针对 10 万篇开放论文的综合性分析显示，P 值篡改现象存在于多个学科。[16]研究人员分析并找出了这些论文所使用的 P 值，并发现绝大多数文章的 P 值都刚好低于 0.05，这表明了大多数科研人员都在努力调整实验设计、数据组或统计方法，以得到正好符合要求的结果。为此，顶尖医学期刊《公共科学图书馆·综合》（*PLOS ONE*）的编辑发表了一篇社论，名为《为什么大部分研究发现都是假的》，抨击了科学研究中的统计方法。[17]

需要强调的是，数据捕捞与学术欺诈是两回事。虽然很多研究结果站不住脚，但科学界最大的担忧还不是研究人员故意篡改结果，而是他们往往会在无意之中修改了结论，这都要感谢来自科研机构的巨大压力、宽松的发表标准以及可供利用的大量数据。越来越多的文章被撤回、日益下降的可复制率以及科学分析和传播的内在复杂性令整个科学界忧心忡忡。这种担忧本身就是有害的。科学需要信任：研究人员彼此间的信任和公众对研究人员的信任。信任的崩塌——不管是害群之马所为，还是其他多种原因造成的结果，抑或是不可知的力量作祟——对于整个科学研究的未来而言都将产生灾难性的影响。

十几年来，一些学者一直在发出警告，提醒人们科学研究质量的管控存在着潜在的危机。许多人认为，这与数据和研究项目的爆发式增长有关。20 世纪 60 年代，德瑞克·德索拉·普莱斯[1]通过分析不同作者和论文之间引用的材料及其共同关注的领域来研究科学的集中化网络，绘制出了科学的增长曲线。他援引的数据来源非常广泛，材料生产、粒子加速器、大学的建立和化学元素的发现等等。就像摩尔定律一样，曲线一直在直线上升。普莱斯担心，如果科学不能从根本上变革生产方式，科学会面临饱和，届时它对现有信息量的吸收能力和做出有效行动的能力将开始奔溃，随之而来的将是科学的"衰老"。[18]顺便提示一下：科学到现在也还没有变革生产方式。

近些年来，"过剩"（overflow）概念的提出反映了科学家们的忧虑。[19]简单来说，过剩是匮乏的反面，是信息的无限溢出。此外，与丰裕的概念不同，过剩带来的影响是压倒性的，严重干扰着我

[1]　德瑞克·约翰·德索拉·普莱斯（Derek J. de Solla Price，1922—1983）：英国物理学家，被誉为"科学计量学之父"。——译者注

们做出回应的能力。在注意力经济学研究领域，过剩正在影响人们在时间紧迫、信息冗余的情况下安排事物先后顺序时所做的决定。正如某项研究的作者所说的，"它给人一种混乱的感觉，总让人不断想起那些需要处理的麻烦和需要清理的垃圾"。[20]

　　许多领域都存在过剩的现象，人们也逐渐认识到了过剩带来的影响，并正在积极寻找新的管理策略。传统上，策略制定者一般由记者、编辑等守门人式的角色担任，他们决定了哪些信息可以发表。人们期望守门人具有专业的知识以及一定的责任感和权威性。在科学领域，过剩体现在以下几个方面：各类期刊和论文大量泛滥、研究资助和学术职位的申请数目增加、可用于研究的信息多如牛毛，等等。更糟糕的是，由于日益冗杂的数据和严苛的发表压力，科研人员所引用的参考文献越来越多，导致论文的平均长度不断增加，其结果就是质量管控的失败：随着论文生产的速度日益加剧，同行评审的黄金法则如今也被认为不够客观和有效；而且评阅论文越来越看重作者所在单位的声望，变成一场机构声誉的博弈。这一结果又导致人们要求增加公开发表学术论文，但这会又使得研究论文的总发表量进一步增加，成为一个恶性循环。[21]

　　如果过剩的问题不仅体现在科学研究的产出上，还存在于科学研究的输入中呢？正如普莱斯所担心的，科学正在不断构建规模越来越大、越来越复杂的数据集。1990 年，人类基因工程在宣布启动之时被视为当时最大的单一数据采集项目。然而，随着 DNA 序列测定的成本锐减，每年所产生的新数据开始成倍增加。基因数据正在快速增长，而且传播广泛，已经几乎不可能将其全部纳入研究范畴了。[22] 由大型强子对撞机（Large Hardron Collider）提供的数据已经多到无法就地储存，研究人员不得不做出取舍。因此，有批评者认为，假设人类有朝一日发现了希格斯玻色子，对撞机的数据空间将会被挤满。[23] 所有的科学都变成了大数据科学。

认识到这一点后，让我们重新回到摩尔定律和尔摩定律。尽管研究机构、学术期刊和科研职位的数量在不断增加，为解决上述问题也投入了大量的资金，实际情况却依然在恶化：20 世纪80 年代到 90 年代期间，组合化学将类药物分子的合成率提高了800 倍，基因序列测定速度也增长了 10 亿倍；而蛋白质数据库则比 25 年前扩大了 300 多倍。虽然筛查新药物的成本降低了，研究投入增加了，但是研发出来的新药物品种却呈指数级下降的趋势。

是什么引发了进步法则的逆转？业界有几个不同的猜想。第一个猜想（也是最不被人看好的一个）认为，长在低处的果实都已经被摘完了，最优的攻击目标和最显而易见的研究成果都已经被开发殆尽。然而事实并非如此，现有物质中仍有可供人们钻研数十年以上的价值，这些物质一旦开始被研究，就会被列入已知材料的比较序列之中，能够极大地扩展研究领域。

但是这里还存在一个"比披头士更好"问题（the 'better than the Beatles' problem）：即便存在许多尚未开发的药物，但是现在掌握的药品药效已经非常良好了，还有再进行深入研究的必要吗？披头士乐队把该做的都做了，为何还要再成立另外的乐队组合呢？"比披头士更好"是"长在低处的果实"说法的另一

94

版本，只不过有一点重要的区别：后者暗示容易达成的目标已经所剩无几，前者隐含的意思是被摘到的果实削弱了留在树上的果实的价值。大多数工业界的情况往往相反，例如露天开采煤矿、燃烧地表煤的成本相对低廉，这让煤矿中的深层煤显得更加珍贵，用于煤矿开采的资金也会相应增加。相比之下，替换现有非专利药品仅仅会增加临床试验的成本，你只需要说服医生开药时多用新药，因为医生们已经习惯了使用现有药物。

有关药物发现的其他问题则更具系统性，也更棘手。有些人认为问题出在药物公司上，他们挥霍无度，让医学界的摩尔定律沦为尔摩定律。事实上，就像其他行业的研究机构一样，大部分医药研究机构都把资金投入到最新技术和工艺的开发当中。如果上述原因都不能成立，一定是别的地方出了问题。

"谨慎监管"理论（The 'cautious regulator' theory）把这一现象放在更长远的时间框架内进行审视，认为其原因可能在于社会对临床结果风险的容忍度越来越低。上世纪中叶，药物发现的黄金时代过去之后，政府颁布的用于规范药物试验和新药上市的法律法规也越来越多——这样做无可厚非，毕竟过去的临床试验通常伴随着强烈的副作用，当测试不足的药品投放到市场上之后，就会引发灾难性后果。沙利度胺（thalidomide，俗称"反应停"）的例子最能说明问题。"反应停"于 20 世纪 50 年代问世，用于治疗焦虑和恶心，能够有效阻止女性怀孕的晨吐现象，然而却会对孕妇腹中的胎儿产生骇人听闻的后果。"反应停"事件之后，药物监管政策收紧，药物测试也变得更加严格，这确实起到了正面的效果。1962 年，美国药物疗效修正案做出了新的规定：新生产的药物不仅要安全，而且疗效与宣传必须一致。没有人会愿意为了扭转尔摩定律而以身试险，去支持恢复使用高风险药物的决策，况且在万不得已的情况下，法规也能网开一面，例如20世纪80年代艾滋病患者就曾服用过副作用尚不明确的抗HIV药物。

药物研究中存在的最后一个问题与我们关系最为密切，也是令许多科研人员最担忧的，药理学家将它称之为"基础研究/强力"（basic research / brute force）偏见，我们可称其为"自动化问题"。纵观历史，发明新药物的过程通常是由某个科研小团队通过集中精力研究几组分子群来完成的。一旦在天然材料、合成化学物质或偶然的机遇中发现某种可能的化合物，科研人员会将它的活性成分分离出来，然后将它放入生物细胞或组织中进行筛选，以评估疗效。近20年来，这一过程已经基本实现了自动化，并发展成为今天人们所知的高通量筛选技术（high-throughput screening, HTS）。高通量筛选技术是药物发现的工业化，它能够大范围、自动化地从庞大的化合物资料库中筛选出可能的反应组合。

请想象这样一幅画面：在一个现代汽车工厂里，到处都是传输带和机器手臂，一排排的托盘、风扇和监控设备之间，架着一座数据中心——这才是当代实验室的真实场景，而不是我们过去常常幻想的景象：穿着白大褂的科学家，摆弄着冒泡的玻璃杯。 96
高通量筛选技术更重视数量而非深度，它通过将大量的化学合成物输入机器并相互测试来获得大量数据。这一技术可以同时完成数千次组合测试，将化学空间全部暴露在外。但同时，它也向我们揭示了化学空间的广袤浩瀚——即便是高通量筛选技术，也几乎不可能穷尽所有活性反应组合。

实验室中的科研人员当然清楚，现有的药物发现和严格的监管会带来巨大的经济压力，但只有在实验室中，新发明引发的逐渐失控的技术压力才会真正面临这些棘手的问题。财大气粗的药物公司也在加紧启用最新、最快的技术，希望能解决这些问题，正如一份报道中所指出的："自动化、系统化和过程测量法已经在其他工业界得到了广泛应用。既然我们已经能够针对某个由基因组学衍生的目标，快速高效地筛选数以百万条线索，剩下的只需要不断重复同样的工业程序就行了，何必还要让化学家和生物学家不堪其累，反复进行不知道会持续多久的试验和试错呢？"[24]

但恰恰就是在实验室中，这一方法的弊端暴露得最为明显。高通量筛选技术并没有削弱尔摩定律，相反起到了加速的作用。甚至有人开始质疑，人类传统笨拙的经验主义可能比现代计算方法更有效。在数据领域，尔摩定律甚至会被推为正典，许多顶尖的科学家都已经表达过类似的看法。

1974 年，在对美国众议院科学与航天委员会的发言中，奥地利生物化学家埃尔文·查戈夫（Erwin Chargaff）抱怨道："现在，每当我走进一间实验室……我看到他们都坐在一模一样的高速离心机和闪烁计数器前面，堆叠着一模一样的图表，这样的状态根本没有多少剩余的空间留给科学想象力了。"[25] 他还明确将对工具化的过分依赖与经济压力联系起来："游戏的人[1]被死板的公司金融征服了。"其结果，按照查戈夫所说，"过去科学是最生机勃勃富有魅力的职业，现在却变得单调乏味"。出现这种情

---

[1]　游戏的人（Homo Ludens）：荷兰著名文化史学家赫伊津哈提出的文化概念，认为人的许多行为都具有游戏性，而非经济性。——译者注

绪已经不是第一次了——从电视到电子游戏，对技术干扰人类感觉的批判不绝于耳。其不同之处在于，计算化的药理学正在创造一套关于自身失败的经验性数据——这台机器正在用自己的语言记录自己的低效。

要清醒地认识到这一失败的含义，我们需要放弃对技术进步的零和解读，承认认知和理解上存在着灰色地带。如果机器已经彻底失败，我们该如何重新将游戏的人请回科学研究？答案也许存在于另外一个实验室中，那里有异常复杂的实验设备用于揭开核聚变的秘密。

作为科学研究的圣杯之一，核聚变寄托着人们的无限希望：取之不尽的清洁能源，只需要几克燃料就可满足城市用电，还能发射航空火箭。然而这一目标却极难实现。尽管自 20 世纪 40 年代开始起，全世界已经建立了许多试验反应堆，有关这一领域的新发展和新发现也层出不穷，但人类至今也没能生产出正数净能，也就是说，生产出的能量还没有引发聚变反应所耗费的能量多。（唯一成功的人工核聚变是 20 世纪 50 年代在马绍尔群岛进行的"城堡行动"热核试验。但是试验过后，一项通过在美国西南部山洞深处引爆氢弹进行发电的提议被否决，因为人们发现保证持续发电需要建造多个氢弹才行，成本太高了。）

核聚变反应是等离子在超高温气体状态下进行的，这与恒星 ⁹⁸ 聚变时产生能量和重元素的方式如出一辙，因此在聚变爱好者中流行着一个说法，很形象地描述了核聚变的状态："瓮中之星"。在超高温状态下，原子核会互相聚合，如果使用了正确的原料，聚变便会产生热量，这些能量就可以被存储并用于发电。但是保持超高温等离子体的稳定性是一项巨大的挑战。在现代核反应试验中，通常的做法是使用强大的磁场或激光，将等离子体铸造为稳定的、甜甜圈形状的环形物，或者说圆环体，但是这需要极其错综复杂的算法。密闭壳的形状、使用的物质、燃料的构成、时间、力度、磁铁和激光的角度、气体的压力以及电压都会影响等离子体的稳定性。截至本书写作完成之前，聚变反应堆持续运行的最高纪录是 29 个小时，这一纪录是 2015 年在一个甜甜圈形状的托克马克装置（tokamak reactor）中进行，同样消耗了巨大的能量。另外一项前景广阔的技术被称为"场反向配置"（field-reversed configuration），它会创造出圆柱体的等离子场，大大降低了能量消耗，但它最长的运行时间仅仅为 11 毫秒。

这一创举是由一家总部设在加利福尼亚州的私人研究公司——三阿尔法能源公司（Tri Alpha Energy）完成的。三阿尔法设法让等离子体的两个"烟圈"以每小时 100 万公里的速度冲向彼此，形成了一个长 3 米、宽 40 厘米、雪茄形状的等离子场。[26] 实验使用硼作为燃料，而非更常见的氘氚混合燃料。虽然硼很难被点燃，但是与稀缺的氚相比，地球的硼储量非常充足。2014 年，三阿尔法公司宣布他们成功地使核反应持续了 5 毫秒；2015 年，他们声称可以维持该反应。

接下来要做的就是优化这一成果，但是随着气温和能量的升高，延长反应时间将变得越来越难。在每项试验开始前，研究人员可以对仪器进行多重控制和输入参数的设置，如磁场强度和气体压力，等等，然而核聚变反应的结果依然瞬息万变：随着试验的进行，反应堆容器内的条件会不断发生变化，研究人员必须持续且及时地对其进行调整。这意味着对机器进行的微调不仅是非线性的，而且会牵一发而动全身：调整一个变量就会产生意想不到的后果，或者影响其他输入值。这不是一个改变某一参数，然后静观其变就能解决的简单问题，相反，我们需要不断探索这一高维空间中所有可能的设定。

初看之下，这似乎正好可以启用药理学的强力实验方法：多种多样的设定参数形成了庞大的数据组，算法在广阔的领土中不断开山辟路，逐渐构成一张地图，标注着实验结果的高峰和低谷。

但是简单的强力实验在这儿根本不起作用，还会使问题变得更加复杂，因为对于等离子体而言不存在"优劣水平量表"，没有一项简单的输出值能让算法筛选出最好的实验运行方式。这就需要人类进行差别化的判断，区分不同的进程。此外，你在培养皿中遇到的问题毕竟有限，而在核聚变反应中，安全操作的界限并不十分明确，数兆瓦的能量对各种气体施压，其温度将达到惊人的数十亿度，很有可能会将昂贵而独特的设备毁于一旦。这时候就必须由人类来统摄全局，以防止算法采用一组错误的输入值使机器遭受毁坏。

为了应对这一问题，三阿尔法公司和谷歌的机器学习专家发明了"验光师算法"（Optometrist Algorithm）。[27] 验光师算法的提法来自视力测试，测试时病人会被问到二选一的问题：哪个看得更清楚？这个还是那个？在三阿尔法公司的试验中，数千种可能的实验设定被简化为约 30 个更容易被实验人员掌握的元参数。实验过程中等离子体每隔 8 分钟就会喷射一次，每次喷射之后，算法会暂停一小段时间再重新开始，并将新的结果连同之前最好的一次喷射结果，一并交付给人工操作员，由他裁定选择哪一个作为后续的实验设定。通过这种方式，验光师算法将人类的知识、直觉与设备在高维解空间（high-dimensional solution space）中的导航能力结合起来。

三阿尔法公司启用这一算法的初衷是增强等离子体的稳定性从而延长核聚变反应的时间。然而在探索参数空间时，人工操作员发现在某种特定试验中，等离子体的总能量会突然激增——这一异常结果本可以用于提高反应的持续性，却被自动化算法忽略了。人工操作员可以重新进行设定，不仅维持了实验时长，还增加了总能量。这些意想不到的设定带来了全新的实验体系，更好地中和了科学探索中的不可预测性。

随着实验的进展，研究人员逐渐认识到，将人类智慧和机器智能结合到一起实在是一箭双雕之举：一方面，研究员能够更容易地从复杂结果中凭直觉想到改善的方法；另一方面，机器可以尝试更多可能的输入值，以弥补人类的疏忽。综上所述，验光师算法既保证了随机取样，又加入了人类解读，因而可以用于解决一系列的科学难题，以提供对复杂系统的人性理解和优化选择。

101　对于尝试协调复杂计算问题隐蔽的操作方式和人类需求之间的矛盾的人来说，验光师算法的操作机制具有特别的吸引力：一方面，需要协调的问题总是异常复杂，令人毫无头绪，这需要依靠计算机的强大功能；另一方面，我们也需要人类意识中模糊含混、变化莫测和自相矛盾的部分来解决这些问题，尽管这种人类意识本身也充满着悖论，因为我们通常没有办法对它进行精准的表达。

三阿尔法公司的研究人员称他们的方法"试图优化一个潜在的效用模型，这个模型也许连人类专家们都不能表达清楚"。这句话的意思是：他们面临的问题虽然处在一个非常复杂的空间之中，但却存在着某种秩序，只是这种秩序超出了人类的表达能力。核聚变反应试验中的多维空间——以及我们后文将要探讨的神经网络的编码象征——毫无疑问是存在的，只是无法被具象化。新技术让我们有机会与这些无法描述的系统开展有效的合作，但同时也要求我们必须承认，的确存在着这样的系统——不仅仅是在药理学和物理学领域，也存在于涉及道德和正义的问题中。我们需要认真思考在这样一些盘根错节的系统中，在也许永远无法缓解的疑虑和不安的状态中，生活到底意味着什么。

承认存在着无法言说的领域是新黑暗时代的一个侧面，这意味着承认人类智性存在着边界：总有些事物是无法被概念化的，也并不是所有的科学问题都能够用算法来解决。我们想出来的解决办法越来越复杂，却始终赶不上问题复杂化的程度，这一过程中，更宏大的系统性问题往往被忽略，这让我们承担了巨大的风险。就像摩尔定律的进步法则指引着计算朝着特定的方向发展，让某些架构和硬件大行其道，而对这些工具的选择，正从根本上 102 塑造着我们解决、甚至思考未来的方式。

人类思考世界的方式是由我们使用的工具塑造的。正如科学史学家艾伯特·范·黑尔登（Albert van Helden）和托马斯·汉金斯（Thomas Hankins）在 1994 年所说："因为工具决定着我们能够做什么，在某种程度上，它们也决定着我们能够思考什么。"[28]这里所说的"工具"涵盖了支撑科研活动的整个社会政治框架，从财政基金、学术机构、学术期刊到赐予硅谷及其周边地区无与伦比的经济力量和专利知识的技术和软件设施。现在，我们面临着更深层的认知危机：人们相信，不管有没有人类干预，号称"绝对中立"的机器都可以提供唯一的、不可撼动的答案。随着科学不断向技术层面演进，而人类思想和行动也有这样的趋势，虽然这一趋势中孕育着新的可能性，却也逐渐揭示着我们无知的程度。

精确的科学方法带来的收益日渐萎缩，人类身陷尔摩定律的魔咒，但这同时也能帮助我们看清和解决问题。当我们需要借助大数据来认清大数据的问题时，最重要的是如何应对这些摆在眼前的数据。

第五章

复杂
COMPLEXITY

2014 年至 2015 年的隆冬，为了探寻那不可见之物，我多次 横穿英格兰东南部。我在这片地区寻找隐藏系统的蛛丝马迹，在这里，伟大的数字科技网络变成了实实在在的钢铁和电线，以基础设施的面貌展现在我们眼前——这是心理地理学的一种表现形式。尽管心理地理学这个术语现在快被人们用烂了，但是它对于我们仍然有用，因为它强调：对事物的外部探索能够揭露其隐匿的内部状态。

根据情境主义（Situationist）哲学家居伊·德波[1]于 1955 年所作的定义，心理地理学"研究地理环境的精确法则及其对个人情绪和行为的特定影响，无论这种影响是在有意识还是无意识的层面上形成的"。[1] 德波担心随着我们的日常生活变得日益景观

---

[1]　居伊·德波（Guy Debord, 1931—1994）：法国思想家，情境主义代表人物，著有《景观社会》。——译者注

化（spectacularisation），我们的生活方式也会变得越来越受到商品和媒介的控制。在景观社会中，我们日常接触到的事物几乎都蜕变成为某种超越我们意识之上的更深层次的真实的替代品，与深度真实的疏离削弱了我们的主体性，并让生活质量降级。心理地理学与城市景观的批判性互动是对抗这种疏离的路径之一，通过主动观察与干预，以一种出其不意的、急切的方式迫使我们与现实直接接触。但是如果我们不去探寻都市生活中的景观迹象，而只是在全球化视野下寻找虚拟景象并解读其对我们的影响的话，心理地理学的效用仍然不大。

104　　在这里，我们将对这些数字网络进行一次"漂移"（dérive）——一种心理地理学的研究方法，其目的不是为了发现某种私人病症的映射，而是去探索全球化、数字化的集体反映。为了完成一个名为"诺尔"（The Nor）项目，我曾多次长途跋涉，为这些电子网络绘制地图。[2]我首先从包围着伦敦市中心的监视装置系统开始调查，这个监视系统由无数感应器、摄像头组成，负责监管拥堵收费区和低排放区域，并追踪每一辆进城的车辆。另外一些监视设备则分布得七零八落，有些属于伦敦交通局和伦敦市警察厅，有些是商业组织和其他机构安装的私人摄像头。在整整两天的漫步中，我拍到了超过一千个摄像头，期间因为引起了麻烦，被警方训诫、甚至拘留过。[3]关于监视的主题以及监视所造成的诡异氛围，在本书的后文中还会进行探讨。除了市中心的监视系统，我还探索了伦敦领空范围内的电磁网络，并悉数观察了引导飞机进行环球航行的甚高频全向信标[1]，这些全向信标通常分散在机场、废弃的二战时期的军用机场，隐藏在丛林中和铁丝网之后。4

我的最后一次旅程是约 60 英里的单车骑行，从斯劳（Slough）一直骑到巴兹尔登（Basildon），横穿城市中心。斯劳位于伦敦以西约 25 英里，在此安家的数据中心——如同数据驱动生活的秘密大教堂——越来越多，特别是 Equinix LD4 数据中心，几乎占据了这里的一整个街区，这个庞大而低调的仓库中搭建了全新的基础计算设施。LD4 是伦敦证券交易所的虚拟交易场所，尽管没有任何引导标志，伦敦证券交易所的大部分股票交易都是在这里完成的。在我旅程的另一端，是另外一个毫不起眼的数据中心：占地约 7 英亩的服务器空间。它的外表毫不起眼，只有一面英国国旗在上空飘扬，让人很难注意到它的存在。但若是在它周围逗留太久，就会有保安人员来驱赶你。这里就是泛欧交易所数据中心（Euronext Data Center）——纽约证券交易所的欧洲前哨，在这里同样进行着虚拟而隐晦的证券交易操作。

两个数据中心靠一条近乎隐形的微波传输线联系在一起，窄波束信息通过传输线从一个目的地跳跃到另一个目的地，从一个信号塔跳跃到另一个信号塔，以接近光的速度传输价值连城的金融信息。通过绘制这些信号塔、数据中心和其他支持性设施的地图，我们便能够窥视当今时代的技术真相，同时也可以洞察由技术发展衍生出来的社会真相。

106

---

[1] 甚高频全向信标（VOR），是指一种工作于 112—118MHz，可在 360° 范围内给航空器提供它相对于地面台磁方位的近程无线电导航系统。其工作频段为 112—118 兆赫的甚高频段，故此得名。——译者注

LD4 数据中心，斯劳

纽约泛欧交易所数据中心，巴兹尔登

这些数据中心的建立得益于金融市场的虚拟化运营。大多数人一想到证券交易所，脑中浮现的场景通常是：在一个大厅中，到处都是大喊大叫的交易员，手中紧紧握着纸，不断进行交易，赚大把的钱。然而过去的几十年间，全球大部分交易场地都变得鸦雀无声。首先，这里变得和普通的办公场所并无二致：男人们（通常都是男人）手里握着电话，眼睛盯着电脑屏幕上的股票曲线。只有当股市行情特别糟糕的时候——糟糕到需要用颜色词来表示时（如"黑色星期一"或"灰色星期四"）——才会重现大喊大叫的场景。最近，就连这些男人们也被替换掉了，取而代之的是自动交易电脑，它们按照银行和对冲基金开发的固定的复杂策略进行交易。随着计算能力的增强和网络运行速度的加快，交易的速度也越来越快，因此，这项技术也被称为"高频交易"。

证券市场上高频交易的出现是对两种密切相关的压力——延迟性和可见性的回应，而实际上，这两种压力的出现恰恰也得益于一项科技的转变。20世纪八九十年代，证券交易所面临的监管放宽，同时交易实现了数字化，人们可以进行更为快速、远程的交易，这一变化在当时被伦敦证券交易所称为"大爆炸"。但这也产生了一系列奇怪的后果。以前，那些善于最先利用不同市场之间的差价进行套利的人总能赚得盆满钵满。最出名的例子就是保罗·路透（Paul Reuter）：他把载有最新消息的报纸装进罐子里，放在从美国到英国的轮船上，并在船靠近爱尔兰时把报纸扔到岸上，这样新闻就可以在轮船靠岸前电报至伦敦。而现在，电子通讯早已大大提升了交易的速度。

金融信息现在是以光速在进行传输，然而在不同的地方，光

107

速也会有变化，例如在空气和玻璃中传播时的光速就不同，而当光纤电缆被缠绕在一起，经过复杂的交换器，或者遇到自然障碍、经过深海时，光速也会在一定程度上被削减。而那些获取信息时延时最少——占据着两点之间最短传播距离的人总能拔得头筹，于是私人光纤电缆和微波塔就开始引起人们的注意。2009 年至 2010 年间，一家公司在芝加哥商品交易所（Chicago Mercantile Exchange）和位于新泽西卡特雷特岛（Carteret）的纳斯达克交易所之间建造了一条私人光纤链路，这项工程耗资 3 亿美元。[5] 他们封锁道路，挖通沟渠，开凿山体，一切都在秘密中进行，以确保竞争者不会发现他们的计划。通过缩短两点之间的物理距离，这家名为"传播网络"（Spread Networks）的公司将两个数据中心的信息传输时间由 17 毫秒降低到 13 毫秒，平均每毫秒将为交易所带来 7500 万美元的额外利润。

2012 年，另一家名叫麦凯兄弟（McKay Brothers）的公司开通了第二条纽约至芝加哥的专属路线。这条线路使用微波进行传输——一种在空气中传输的速度比光在玻璃纤维中的速度还快的介质。公司合伙人之一表示："对于一家大型高频交易公司而言，仅仅 1 毫秒的领先优势就能使我们每年额外盈利 1 亿美元。"[6] 最终麦凯公司的线路赢得了 4 毫秒，相较于他们的竞争者们而言，这是巨大的优势。与此同时，这些竞争者们也在利用"大爆炸"的余波带来的另一好处：可见性。

108　　金融的数字化意味着证券交易所内部，以及彼此间的交易速度会越来越快。当实际交易由机器接管后，它几乎可以对任何价格波动和新报价及时做出反应。能够及时做出反应意味着要非常清楚正在发生的情况，同时还要能买到交易席位。因此，就像所有其他事情一样，数字化让市场变得只对行家可见；对新手而言，市场变得更加晦涩难懂。这里所说的行家指的是私人银行和对冲基金雇佣的高频交易员，他们拥有资金和专业知识，能够追赶上光速信息流。为了争取到几毫秒的领先优势，那些由前物理学博士设计的算法进入了市场，交易员们给它们取了很多很形象的名字，比如"忍者""狙击手"和"刀子"等等。这些算法能够在每笔交易中抠出 1 美分的微小价差，并且每天可以完成上百万次这样的操作。在混乱的市场中本来就很难看清谁是真正的操盘手，现在就更不可能了。因为这些操盘手的主要策略就是秘密行动，掩盖意图和目的，以便最大程度获取交易利润。最后高频交易就演变成了一场"军备竞赛"：谁能够设计出最快的软件，谁能降低与交易所建立联系的延时，谁能隐藏住他们的真实目标，谁就能大捞一笔。

证券市场交易变成了黑暗光纤中的暗箱操作，并且事情正在变得越来越阴暗：如今，许多操盘手不愿意在监管相对良好的公开交易所中进行交易，而更偏爱"交易暗池"（dark pools）。交易暗池是进行证券、衍生产品及其它金融工具交易的私人平台。根据美国证券交易委员会（SEC）在 2015 年公布的一份报告估计，在同时进行公开市场交易的股票中，暗池交易占了所有交易的五分之一，但这一数据并未将其他流行的金融工具考虑在内。[7] 暗池交易能让操盘手在市场不知情的情况下移走大数额的股票，避免交易机会被其他人抢走。但是这也是个灰色地带，充斥着利益冲突。许多暗池运营平台最初被宣传为安全交易的场所，现在却

109

受到诸多指责，因为他们为了提高市场流动性、保护自身利益，暗中引入客户们唯恐避之不及的高频交易员。2015年美国证券交易委员会曝光了许多此类交易，称其"不端行为之多，令人发指"。2016年，巴克莱银行和瑞士信贷银行被罚1.54亿美元，理由是两家银行在原本应当是私密性质的暗池交易中擅自引入高频操盘手和自己的员工。[8] 正因为暗池之"暗"，我们很难弄清楚他们的客户被这些暗中埋伏的强盗掠去了多少钱财。要知道暗池交易中的大客户大多是养老基金机构，它们受托管理着普通人的退休计划，[9] 而真正遭受损失的也正是这些普通人，他们在暗池中损失的往往是毕生的积蓄、未来的安稳和生计之源。

高频交易和暗池交易仅仅是金融系统暗箱操作和不公平操作的其中两种方式而已。然而，随着这两种方式的影响力在虚拟数字网络中不断蔓延，我们在现实世界中也不难寻到其踪迹，甚至在我们周围的一些建筑群落中，也可以发现这些不平等的实体象征。

在斯劳与巴兹尔登之间连接着隐秘的微波中继天线。它们就像寄生虫一样，攀附在现有建筑上，隐藏在移动信号塔和电视天线中，竖立在阿普敏斯特（Upminister）一家电子管仓库的探照灯上面；在达各南（Dagenham）一家金吉姆健身俱乐部的楼上；在巴尔金（Barking）和厄普顿公园（Upton Park）破败的塔式大楼中。一些老旧建筑也没有幸免于难：斯劳的中央邮局已经完全被天线所缠绕，现在这一邮件分拣处正在被改建为数据中心。同时，它们也没有放过一些社会性建筑：希灵登（Hillingdon）消防站的天线杆和伊芙西斯（Iver Heath）一家成人学习中心的屋顶也是其落脚点。而在希灵登，这些数字设备构建了最为巨大的贫富差距。

希灵登医院是一座建于 20 世纪 60 年代的高大板楼，以前这 110
里是希灵登济贫院，正好坐落在斯劳－巴兹尔登南线，距离希
思罗机场只有几英里远。在其建立之初，医院被誉为英国最具创
新性的医院。今天，在医院实验性的贝文病房中，有许多研究患
者舒适度和感染率的特殊房间。尽管如此，和许多与它属于同一
政治和建筑时期的医院一样，希灵登医院如今也常常因为设施老
化、卫生条件差、医院感染率高、床位紧缺、经常取消患者的
手术预约等问题而饱受诟病。护理质量委员会（the Care Quality
Commission）——英格兰和威尔士各大医院的监管机构——在一
份最近的报告中表示，该医院人员短缺，建筑年久失修，患者和
医护人员的安全存在隐患。[10]

安奈林·贝文是英国国家医疗服务体系的创建者，具有实验
性质的贝文病房也以他命名。[1]在其所著的《不再恐惧》（*In
Place of Fear*）一书中，他曾为国家医疗服务体系的建立进行了
辩护。"国家医疗服务和福利社会成为了同义词，被许多人口诛
笔伐，"他写道，"如果你从主张绝对个人主义的竞争性社会的
角度来看，这不难理解。免费医疗被认为是纯粹的社会主义，与
资本主义的享乐主义相背离。"

2013 年，希灵登地方议会通过了由一家名为德赛本 SAS
（Decyben SAS）的公司提交的一项议案。议案决定在医院楼顶安
装四条半米微波中继天线和一架设备机柜。2017 年提出的一份自

---

[1] 安奈林·贝文（Aneurin Bevan，1897—1960）：英国政治家，工党领袖，曾出
任英国卫生大臣。——译者注

由信息[1]请求披露，德赛本 SAS 是麦凯兄弟的上游公司——就是前文提到的那家在芝加哥和纽约建立了微波链路、将传输时间缩短了几毫秒的公司。12 此外，在医院建立站点的许可还被授予了加拿大的一家高频宽带供应商机警电信（Vigilant Telecom）和伦敦证券交易所。希灵登医院的国家医疗服务体系基金会（NHS Foundation Trust）拒绝公开其与"电磁租客"之间商业协作的更多细节，并声称此举是为了保护商业利益。在自由信息立法程序中，这样的豁免司空见惯，以至于许多申请都毫无意义，白费工夫。在希灵登医院的屋顶上，每天都有亿万英镑的资金在隐形市场上买进卖出 13 尽管如此，不管国家医疗体系基金会从"租客"那里谋得了多少利益，仍然不足以补齐该体系 2017 年 7 亿英镑的资金缺口。1952 年，贝文还写道："没有金融家和股票经纪人，我们依然可以存活。但是没有矿工、钢铁工人和园丁，我们将难以为继。"而今天，金融家和股票经纪人就活跃在贝文当年呕心沥血建造的医疗建筑之上。

金融记者迈克尔·路易斯在其所著的《闪电小子》（*Flash Boys*）一书的引言中称："世界依然留恋着对股票市场的旧时想象，因为这令人安心，更因为人们难以想象会有什么东西将其取代。"14《闪电小子》发表于 2014 年，以研究高频交易为主要内容。这是个纳秒级别的世界，藏匿在光纤电缆的闪烁的光束中，在固态硬盘的快速运转的二进制数据中。要想从这一新型市场上获利，交易速度必须接近光速，在获取信息上取得以纳秒计的领先优势。

[1]　《自由信息法案》（*Freedom of Information Act 2000*）：英国议会颁布的一项议会法案，规定英国公民有权利申请了解公共组织的信息。——译者注

安装在希灵登医院上方的微波中继线，2014 年 10 月

在路易斯的描述中，市场正在变成阶级系统的角斗场——只有资本拥有者才能得到入场券，对于无产者来说，市场完全消失不见了。

> 有产者购买纳秒速度，而无产者完全不清楚纳秒的价值。有产者对于市场洞若观火，无产者完全看不到市场在哪里。从精神上来讲，这个曾经是世界上最公开、最民主的金融市场越来越像一件失窃的艺术品，仅可供私人把玩。[15]

法国经济学家托马斯·皮凯蒂（Thomas Piketty）在其所著的《21世纪资本论》（*Capital in the Twenty-First Century*）中，对于收入不均问题做出了极度悲观的表达，他认为贫富差距正在不断扩大，财富日益集中在少数富裕的人手中。在2014年的美国，最有钱的0.01%人口，仅仅16000户家庭，却掌握了全美总财富的11.2%——这一数字已经能与财富分配最不均的1916年比肩。最有钱的0.1%人口拥有总财富的22%——相当于底层90%的总和。[16]经济衰退进一步加剧了分化速度：最顶层的1%人口攫取了2009年至2012年财富增长的95%。欧洲的情况没有如此糟糕，然而却在朝着这个方向发展，财富的集中化比例——特别是继承得来的财富，已经达到19世纪末以来的最高值。

这打破了长久以来人们对进步概念的理解，我们认为社会进步必然会带来更大的公平。自20世纪50年代以来，经济学家普遍相信在一个先进的经济体中，经济发展将会降低贫富收入差距。库兹涅茨曲线（Kuznets curve），一个由同名的诺贝尔奖获得者

113

提出的假说，它宣称随着社会的工业化，经济不均现象首先会趋于恶化，继而随着大众教育水平的提高，人们会更积极地参与政治活动，收入分配状况会逐步改善。在20世纪大部分时间里，这一假说基本上是成立的——至少在西方是这样。然而，根据皮凯蒂的观点，人类已经不再处于工业时代，任何相信技术进步会让"人力资本战胜金融资本和产业资本，德才兼备的管理者战胜脑满肠肥的大股东，真才实干战胜裙带关系"的想法都是"虚妄之谈"。[17]

在许多领域，科技恰恰是加剧不平等的关键因素。不可逆转的自动化潮流——从超市收银台到股市交易算法，从工厂机器人到无人驾驶汽车——让许多人饭碗不保。对于那些工作技能可以被机器取代的人来说，他们完全失去了安全保障，有时甚至就连设计这些机器程序的工程师也无法幸免。随着机器能力的增强，越来越多的职业种类受到了威胁，而人工智能则进一步加剧了这一进程。互联网本身就是社会不公的帮凶，它所带来的联网效应和全球化服务的便利性创造了一个赢者通吃的市场：从社交网络、搜索引擎到百货商店和出租车公司，无不如此。右派曾经指责共产主义让人们不得不从垄断的国有供应商那里购买商品，而如今，变成了不得不从亚马逊上网购。可以说，正是科技本身的不透明性加剧了收入不平等现象。

2017年3月，亚马逊收购了Quidsi，一家专售婴儿用品和化妆品、追求薄利多销的大型企业。Quidsi的成功之道在于他们在每一层级的分销链上都率先实现了自动化，不再使用人工操作。公司的业务核心是位于宾夕法尼亚州戈尔兹伯勒市的一间巨大的仓库，仓库中心是一块占地约 20 万平方英尺的区域，用亮黄色油漆和不同的指示标志划分着边界。这块中心区域内摆满了一层层货架，高约 6 英尺，深也有几英尺，上面堆放着纸尿布和其他婴儿用品。区域周围竖着警告标志，用来禁止人类进入这一区域拿取货品，因为这里是机器人的地盘。

在这片机器人的地盘里，260 个四分之一吨重的亮橙色菱形物体不停旋转、升起，取下不同的货架单元，送到这一区域的尽头，人类分拣员们在那里等着装卸包裹。它们是基瓦机器人（Kiva），一种通过执行地面上的机读指令，不厌其烦地穿梭于商品之间的仓库自动机器。它们比人工搬运工更快、更准确，并能进行起重操作，仅在这一个仓库就能帮助 Quidsi（母婴网络电商 Diapers.com 的东家）每天完成好成千上万份订单的配送。

亚马逊对 Quidsi 公司的基瓦机器人觊觎已久。但在并购之前，亚马逊就已经开始着手自主研发自动化操作。在位于英国鲁吉利（Rugeley）的一间足足有 9 个足球场大小的天蓝色仓库内，亚马逊雇佣了好几百名运货员，他们身穿短袖制服，推着装满书籍、DVD、电子产品和其他商品的手推车在货架走廊中间穿梭。每个人都健步如飞，听从一个手持仪器的指令。这个仪器会不断接收新的运送目的地，还能追踪运货员的行程，以确保每位工人每天的行程在 15 英里以上和完成一定的运货数量，这样才能保证亚马逊每隔三分钟就能装满一辆货车，并将货品从该仓库（亚马逊在英国的八大仓库之一）运走。

亚马逊员工需要佩戴手持器，作为他们的仓库导航仪，如果不这样的话，运货员会完全迷失在仓库中。人类会用人类的方式存放货品：书在这儿，DVD 在那儿，文具在左边，等等。然而 115 对于一台智能机器来说，这样的安排非常低效。消费者购买商品时不是按照商品名称的首字母顺序，也不是按照商品的类型，相反，他们会从整个仓库的商品中进行选择，边逛边将商品放入"购物车"中。因此，亚马逊开发了一项名为"混乱存储"（chaotic storage）的物流技术——当然，混乱是从人的角度来看的。根据 116 顾客需要和商品之间的关联来摆放商品——而非类型——可以在货品之间构建更短的距离。摆放书籍的货架放在平底锅旁边，而电视却和儿童玩具共享同一个空间。就像电脑硬盘中的数据存储方式一样，货品被分配到仓库的各个角落，每一个物品都被贴上了唯一的条形码，只有在电脑的帮助下才能定位到该物品。从机器的角度来安排万事万物保证了算法上的效率，但却完全超出了人类的理解范畴。除此之外，这样做会加重对工人的压迫。

员工手中的手持仪器既是亚马逊用于物流管理的方式，同时也是一种监控设备，它负责记录员工的每一个动作，监测工作效率。工人们会因为没能跟上机器的节奏、上厕所或者上班迟到而被扣分——也就是扣工资。另外，无休止的劳作让员工们之间关系逐渐疏远，他们必须一刻不停地听从电脑屏幕发号施令，包装、运货，表现得像机器人一样，或者说像一群拟人化的机器，只不过暂时比机器人便宜一点点。

工人们降级为人肉算法，只会按部就班地听从指令，这样更容易被资本家雇佣，也更容易被解雇，乃至剥削。只需听从手持仪器安排的工人们甚至不需要会说当地语言，也不需要受过教育。所有这些因素，再加上科技进步带来的社会原子化，让工人们无

亚马逊仓库，鲁吉利，斯塔福德郡

法有效地组织、团结在一起。不论你是亚马逊生产间的搬运工——听命于无线条形扫描器的指令日夜奔波、疲惫不堪，还是个体网约车司机——在深夜中还跟着 GPS 导航穿梭在街头，技术有效地阻止了你和工友们联合起来，为改善工作条件而斗争。（即便如此，也没有阻止优步为了给司机们洗脑，要求他们必须每周收听一定数量的系统自带的反工会博客。）[18]

当车辆和仓库的内部被设计得如此高效，外部的改变也将随之而来。20 世纪六七十年代，日本的汽车制造商们创造了一套名为"及时生产"的系统：从供应商那里以少量多次的方式订购零部件。这种方法可以降低存货量，平滑现金流，既能够给生产规模瘦身，也可以加快生产速度。然而在另一方面，供应商们为了保持竞争力也必须加快速度——某些制造商甚至要求产品在下单两小时之内就必须生产出来。通过这种方式，大量的货品在距离工厂最近的地点被及时地装载到货车上，随时准备运向各个目的地。汽车制造商就这样将仓储成本和库存控制转嫁给了供应商。此外，在工厂附近的穷乡僻壤，涌现出了大量的新型小镇和服务区，供等位的卡车司机吃饭休息，从根本上改变了工业重镇的地理面貌。各大公司纷纷在个体层面借鉴这一经验及其效果，要求每一位雇员必须身手敏捷，以便跟上机器的速度，从而将成本转嫁给了这些工人。

2017 年年初，多家新闻媒体报道了优步司机在车内睡觉的新闻。有些司机是赶在深夜酒吧打烊和早高峰来临前的间隙补一会儿觉，有些司机则根本无家可归。当被问及对这一事件的评论时，优步公司的发言人只回应了两句话："在优步，司机们可以自己决定驾驶的时间、地点和时长。不管选择哪种工作形式，我们都努力确保选择优步出行是一段愉快之旅。"[19]"选择"是这句话里的关键词，其中的假设是为优步工作的司机们拥有选择权。一位司机抱怨她曾在洛杉矶的深夜被3名醉酒乘客殴打，但却不得不继续驾驶，因为她的车是向优步租用的，而她必须履行合约、继续支付租金。（殴打她的人没有被逮捕）

亚马逊在苏格兰丹弗姆林（Dunfermline）的订单执行中心位于距离镇中心数英里外的工业区，紧邻M90高速公路。如果换班时正好在黎明之前或者午夜之后，员工们就不得不花费10英镑（比时薪还高的数额）乘坐私营巴士才能上班。有些工人则干脆在仓库附近的林地中搭建个帐篷过夜，尽管这里冬天气温普遍在零度以下。[20]然而只有这样，他们才能够承担得起通勤的费用，并保证每天按时上班，不会被仓库追踪系统自动克扣工资。

不管我们如何评价优步、亚马逊及许许多多类似公司的高官们的道德操守，很少有人是真的故意让工人们受苦。这也并非简单意义上地回到19世纪剥削资本家和残暴工业主的时代。或许应该这样说：在追求利益最大化的资本主义意识形态之上，科技进步所带来的不透明性，为赤裸裸的贪婪披上了机器非人逻辑的外衣。

亚马逊和优步都把技术的不透明性用作维护自身利益的武器。亚马逊官网主页的屏幕背后是成千上万被剥削的工人的血汗：每次我们按下购买按钮，就会有一个活生生的工人接收到电子信号开始行动起来，分秒必争地履行职责。这个购物应用实际上就是一个指挥别人的遥控设备，但是我们这些使用者却很难看到它在现实世界中造成的影响。

这种审美和技术上的晦涩不明，滋生了政治上的不安和企业的傲慢。优步就曾在用户界面上故意做手脚，继而扩展到整个系统：为了让用户觉得他们的系统看上去比真实情况更成功、更活跃、更有呼必应，优步有时会在地图上显示"幽灵车"，而实际上这些转来转去的潜在司机根本就不存在；[21] 并且在用户毫不知情的情况下，他们的行程会被跟踪，这种全景监测系统常用于追踪重要客户；[22] 此外，优步还开发了一个名为"灰球"（Grayball）的程序，专门用来拒载正在调查优步多起违规行为的政府职员。[23]

然而优步最让我们担心的还在于它正在造成社会原子化，并削弱人的能动性。工人们不再是雇员，而是不稳定的承包者。司机们也不再潜心研究数年只为获得"门道"——这是伦敦黑人出租车司机的说法，指的是他们对城市街道了如指掌——现在，在遥远的卫星和看不见的数据的指引下，他们只需要跟着屏幕上的箭头从一个目的地到达下一个目的地。乘客们的疏离感也随之增强。这项系统的应用使本地政府的税收大幅缩水，公共交通服务质量下降，同时也加剧了社会阶层的分化和城市道路的拥堵。就像亚马逊和其他大多数数字化商业形式一样，优步的最终目标也是用机器完全代替人工。它正在开发自己的自动驾驶项目，当首席产品经理被问到在许多司机对公司不满的情况下，优步如何能够长期在市场上立足时，他轻巧地回答道："这个嘛，我们很快会用机器人把他们全替换掉。"——可以想见，发生在亚马逊员工身上的事情，终究会发生在我们每个人身上。

科技的不透明性已经成为企业欺骗大众、破坏地球的惯用手段。2015 年 9 月，美国环境保护署对美国在售的新车进行常规排放测试时发现，大众柴油汽车的行驶系统中安装了隐蔽的软件，这一软件通过监测车速、引擎状况、气压甚至方向盘位置识别汽车是否处于被检测状态，这样汽车启动时就可自动切换至特殊模式，降低发动机功率和性能，减少排放量。而一旦上路，汽车就又会回到正常的高耗能、高污染模式。根据美国环境保护署估计，目前美国准许上路的大众汽车的二氧化氮实际排放量是法定标准的 40 倍。[24] 欧洲同样发现了类似的"诈骗装置"，而在这里卖出的大众车则更多，据估算，这些大众汽车的尾气排放量将会使欧洲约 1200 人的寿命减少 10 年。[25] 隐藏的技术程序不只是加重了劳工的负担和痛苦——它们是真真切切地在杀人。

　　科技能够增强人类的知识和力量，但是科技应用的不均衡也将导致权力和知识的集中化。从纺织厂到微处理器，自动化和计算知识的历史不仅仅是技艺精湛的机器逐步取代人工的过程。在这段历史中，权力越来越集中到少数人手里，知识也越来越集中到少数人的头脑中。而对于普罗大众来说，丧失权力和知识的代价最终将是消亡。

　　我们偶尔可以看到对科技强大的不透明性不同形式的反抗。反抗需要人们具备有关技术和网络的知识，需要人们学会"以子之矛攻子之盾"。"灰球"是优步用来逃避政府调查的程序，税收稽查员和警察有时会在车里往办公室或警察局打电话启动调查事宜，"灰球"就是利用这一点被开发出来的。优步公司甚至还将警察局所在的区域整个拉进黑名单，政府职员网上约车时用的廉价手机也会被它屏蔽。

在 2016 年的伦敦，优步外卖服务"优食"（UberEats）的员工就巧妙地利用"优食"应用程序改善了工作条件。当时的新合同降低了工资收入，同时延长了工作时间，司机们都想进行抗议。但是许多司机都是深夜上岗，行程也被分散到不同的路线上，所以很难有效地组织在一起。有一小组成员在网上论坛中商议在公司办公室组织一场抗议，但是他们清楚，要想真正发出声音，必须得到更多员工的支持。因此，在抗议当天，司机们在"优食"应用程序上点了比萨到他们的抗议地点。每份外卖送达的时候，他们会慷慨激昂地劝说快递员加入罢工活动。[26] 优步妥协了——尽管没有持续多久。

121

在以技术为主导的市场上，美国环境保护署的测试员、亚马逊员工、优步司机、软件用户、走在污染严重的街道上的行人都是受害者，因为他们永远都无法看清这个市场。并且越来越明显的是，压根没有人能看清楚到底怎么回事。而在快速发展、完全不透明的当代资本市场上，则发生着另一些异常诡异的事情。在那里，高频交易员们运用着越来越快的算法分毫必争，致使交易暗池中滋生了更黑暗的"惊喜"。

2010 年 5 月 10 日，负责跟踪美国 30 家顶级私营公司的股票市场指数——道琼斯工业指数的开盘价格比前一天略低，受希腊债务危机的影响，随后几个小时也一直处于缓慢下行的态势。但是到下午后不久，奇怪的事情发生了。

下午 2 点 42 分，指数开始快速下跌。仅仅 5 分钟，道琼斯指数下跌约 600 点，相当于数十亿美元的市值从市场中蒸发了。在最低点时，指数相比前一日的均值下跌了 1000 点，相当于总价值的 10%，创下股市历史上的单日最大跌幅。然而仅仅 25 分钟之后，即下午 3 点 07 分时，股票又几乎收复了那失去的 600 点，又实现跨度最大、速度最快的震荡。

在这混乱的 25 分钟中，价值 560 亿美元的 20 亿股股票完成了换手。更令人忧心的是，美国证券交易委员会称许多交易的价格"非常不合理"，要么低至 1 美分，要么高达 10 万美元，至今我们也不能完全看懂个中蹊跷。[27] 此次事件被称为"闪电崩盘"，尽管几年过去了，人们对其调查和争议也一直在持续。

监管机构在调查崩盘记录时发现，高频交易员们在这次事件中极大地加剧了价格动荡。在活跃于市场上的众多高频交易程序中，许多都设置了抛售点硬编码——跌到某个价格立即抛出股票的自动程序。随着价格跌落，多组程序同时将股票卖出。交易完成后，新一轮的价格下跌又带动了另一组算法开始自动抛出股票，如此恶性循环。因此，股票下跌的速度远远超出了人工操盘手的反应速度。有经验的市场玩家通常会放长线，稳住大盘，而机器在面对不确定性的时候会以最快的速度撤出股市。

另一些说法则认为算法不是加剧，而是引发了危机。在市场数据中，人们发现了一项操作：高频交易程序会发送大量"不可执行"的报单给交易所——这些报单的价格大大偏离了正常范围，因此很容易被人们忽略。这类指令不是为了传达讯息或者赚钱，而是故意搅乱系统以测试它的延迟性，这样就可以在混乱中进行其他更赚钱的交易。或许这些指令确实能够通过提高股市流动性来帮助稳定股价，但它们也有可能在一开始就让交易所不堪重负。可以肯定的是，在它们造成的混乱之中，许多原本并不指望执行的交易指令却真的成交了，从而引发了价格的剧烈震荡。

　　"闪电崩盘"现在已经是上升市场中一个公认的特征，但人们仍然对其知之甚少。2013 年 10 月，下一个最大规模的"闪电崩盘"在新加坡证券交易所出现，蒸发了相当于 69 亿美元的市值，交易所不得不对可能同时成交的订单进行限制——主要是为了阻止高频交易员搅乱股市的行为。[28] 此外，算法的速度之快同样令人无力回击。2015 年 1 月 15 日上午 4 点 30 分，瑞士国家银行突然宣布取消瑞士法郎兑换欧元的最高上限。自动化操盘手接收到这一消息后，在 3 分钟之内造成汇率大幅下跌，跌幅超过 40%，导致数十亿的损失。[29] 2016 年 10 月，算法软件对英国脱欧协议的负面头条新闻作出反应，两分钟之内就将英镑对美元的汇率拉低 6 个百分点，随后又立刻回拉。可怕的是，人们几乎不可能知道具体是哪一条新闻或是哪一种算法引发了崩盘。尽管英格兰银行很快谴责了自动化交易背后的人工程序员，但是这种圆滑的说辞并不能帮助我们接近真相。2012 年 10 月，一项疯狂的算法程序不停地下单、撤单，独占了美股 4% 的交易额，一名评论员不无挖苦地说："算法的动机依然扑朔迷离。"[30]

　　自 2014 年以来，负责为美联社撰写短新闻的写作者得到了一种新型新闻创作形式的帮助：全自动化写作。美联社是一家名为"自动化观察"（Automated Insights）的公司的众多顾客之一，这家公司提供的软件能够自动扫描新闻故事、媒体公告、实时股票行情和价格报告，然后用美联社独特的风格形成具有可读性的概要。美联社每年运用这项服务撰写上万家公司的季度报告，这项工作收益颇丰却耗时费力。雅虎是"自动化观察"的另一家客户，它用这项服务生成了许多足球快讯（fantasy football）版块的体育赛事报道。结果美联社也开始更多地报道体育赛事，而这些报道都是从每场比赛的原始数据中生成的。所有这些新闻的原本的记者署名栏中，现在都写着："本报道由'自动化观察'生成。"

124 每条新闻都是出自数据库中的某几条数据，又变成另外一条数据，既是报社的收入保证，又是产生更多报道、数据和信息流的源泉。这种类型的新闻写作和生产信息的方式成为数据时代的一部分——读写均由机器完成。

自动化交易程序就是通过这种方式，在不停地浏览即时新闻资讯时，捕捉到英国脱欧时欧洲社会普遍的恐慌情绪，随后在没有人工干预的情况下引发了市场骚乱。更糟糕的是，它们对信息的来源丝毫没有鉴别能力，美联社在2013年的一次事件中发现了这一点。

2013年4月23日下午1点07分，美联社官方推特账号发送了一条200万粉丝可见的动态："重磅：白宫发生两起爆炸，贝拉克·奥巴马受伤。"美联社的其他账号和记者迅速澄清这是一条假新闻，也有人指出这条消息完全不符合美联社的报道风格。消息被证实是黑客所为：叙利亚电子军（Syrian Electronic Army）随后宣称对这次行动负责，他们隶属于叙利亚总统巴沙尔·阿萨德，制造了多起网络攻击案和推特名人账户被黑事件。[31]

然而，算法程序对于这种爆炸性新闻却没有鉴别力。下午1点08分，道琼斯指数——前文提到的2010年首次"闪电崩盘"的受害者——应声暴跌。许多人都还没有来得及看到那条推特消息，道琼斯指数就在两分钟之内下跌了150点，随后才回升至原位，但此时市值已经蒸发了 1360 亿美元。[32] 虽然有些评论员称此次事件为一场儿戏，让人虚惊一场，许多人也看到通过操控算法扰乱市场行为的背后所潜在的新型恐怖主义危机。

不加甄别地运用晦涩的、尤其是性能不佳的算法会引发匪夷所思、极其可怕的后果，证券交易所不是唯一的案例，只是数字市场给了算法太大的自由，才让它一发不可收拾。

彩滋网（Zazzle）是一家专门出售印染品的网站。一切能印染的东西都可以在这个网站上买到！马克杯、T恤、生日贺卡、羽绒被、铅笔……你可以买到上千种物品。顾客还能够定制一系列令人眼花缭乱的设计，从公司标志、商标名称到迪士尼公主或者是你自己上传的设计和照片，一应俱全。彩滋网宣称已经卖出了 3 亿件独一无二的商品，它们能做到这一点，是因为所有物品在人们下单之前实际上并不存在——也就是说，商家收到订单后才会开始制作商品，在此之前网站上出售的一切都只是数字图像。这意味着新产品的设计和宣传费用几乎为零。在彩滋网，任何人都可以上传新的产品，包括算法。只消上传一张图片，它便能够立刻应用到杯托蛋糕、饼干、键盘、订书机、托特包和睡袍。尽管仍有一些"勇气可嘉"的店铺在平台上出售顾客定制的工艺品，但这里是类似"生活圈"（LifeSphere）这样新潮商家的地盘。生活圈卖的产品多达 10257 件，从小龙虾贺卡到芝士形状的保险杠贴纸等等，数不胜数。"生活圈"将大量奇特的自然图片传送给彩滋网的产品生成器，然后只需静待结果。如果有哪个买家想要一款滑板甲板，上面需印有法夫郡的圣安德鲁大教堂遗迹，"生活圈"马上可以制作出来。[33]

即便更传统的市场上，商家也无法免于制造垃圾商品。亚马逊曾被迫撤下卖家"我的巧妙设计"（My-Handy-Design）所出售的 3 万多个自动生成的手机壳，因为这些手机壳的名字五花八门，媒体报道中甚至出现了"趾甲真菌款苹果 5 代手机保护壳""坐在医用婴儿车上的 3 岁混血残疾男孩款三星 S5 快乐手机壳"和"患有痢疾的老人款三星 S6 消化困难症手机壳"等名字。经过调查后发现，这些产品实际上均出自一批德国的垃圾数据包，却获得了亚马逊的出售许可证。[34]

然而亚马逊最大的噩梦还不止于此——它被爆出售由算法改写的怀旧字母印花 T 恤，其中一件广为流传，上面写着："保持冷静，强奸无数"。这条标语是算法从 700 多个动词和名词中进行简单选择搭配结果，除此之外，还出现了"保持冷静，给她一刀"和"保持冷静，给她一拳"等上万条类似的标语。[35] 这些 T 恤原本只是以数据库中的字符串和合成图片的形式存在，如果不是被人偶然发现，可能会一直默默地待在那里。公众的厌恶情绪非常强烈，尽管他们其实并不太了解背后的技术原理。艺术家、理论家黑特·史德耶尔（Hito Steyerl）将这些系统称之为"人造蠢物"，它们将那些不为人知的粗鄙笨拙的"智能"系统摆在了世人面前，并对我们的市场、邮件收件箱和搜索功能造成了极大的破坏，最终还将引发文化和政治系统的崩溃。[36]

不管是智能的还是愚笨的，自发的还是有意的，这些作为攻击手段的算法程序正在退出交易所的暗箱和网上商城，并潜入了我们的日常生活。50 年前，常规计算机还是由占据了整个房间的继电器和电线组成的庞然大物，现在已经慢慢地缩小成了台式机和笔记本电脑。现在的人们把手机分为"笨蛋手机"和"智能手机"两种,而后者的计算能力已经超过了80年代的超级电脑。我们尚可以理解这些设备的计算原理:最主要工作方式就是对我们的键盘和鼠标操作做出响应。尽管现代家用电脑已经成为了恶意程序、软件许可证和终端用户协议书的层层迷宫,对于初学者来说有些难以掌握,但是它们仍保留着计算机的基本外壳:发亮的屏幕、键盘和任意形式的界面。然而计算正在日益嵌入、隐藏在我们日常生活的每一个对象之中,而这种扩张将意味着更大的不透明性和不可预测性。

2014年,在一条针对新型门锁的网上评价中,某用户赞扬了这把锁的许多特征:与他家的门框非常相配;看起来厚重结实,让人放心;外形漂亮;方便和家人朋友分享密匙。不过他还表示,这把锁还在某天深夜把一个陌生人放进了他们家。[37] 很显然,这一缺陷不足以让他完全拒绝这把锁,相反,他认为未来加以改进和系统升级,问题完全能够得到解决。毕竟,这是一把能用手机打开的"智能锁",在客人们到来之前可将密匙提前电邮至他们的邮箱。至于这把锁为何会自作主张让一位陌生人——幸好只是位迷糊的邻居——进门,我们不得而知。我们干吗要追问呢?传统锁的功能不能满足人们的心理预期,于是智能锁便应运而生,并且尤其受到爱彼迎(Airbnb)房东的青睐。然而一旦锁具制造商的软件升级出现问题,成百上千的锁都将无法被打开,导致无数租客在房屋外受冻。[38] 就像优步异化了司机与乘客之间的关系,亚马逊使员工们降级为机器,爱彼迎让我们的家退化为旅馆,引发了世界主要城市的租金上涨。这些主要服务于商业类型的工业设计最终都会让个体受损，对此我们不应该感到奇怪。最终，我们会发现自己置身于终将剥夺我们自身权利的物品之中。

三星智能冰箱系列最为人称道之处在于它能与谷歌的日历服务集成在一起，在厨房里帮助顾客安排食品订购和其他家务。但这同时意味着黑客们一旦侵入这类安全性能欠佳的机器，就可以窃取到用户的邮箱密码。[39] 德国研究人员发现，如果将恶意代码插入一个菲利普无线智能灯泡，它就能从一个装置扩展到整栋建筑乃至整座城市，造成灯光开关频闪，在一片可怕的场景中，触发一些人的光敏性癫痫。[40] 托马斯·品钦（Thomas Pynchon）的小说《万有引力之虹》（*Gravity's Rainbow*）中的"灯泡拜伦"就是采取这种方式，利用小型机器发动革命，反抗机器制造者们的暴政。只存在于小说中的技术暴力如今通过万物互联变成了现实。

金·斯坦利·罗宾逊的小说《极光》（*Aurora*）讲述了关于机器控制的故事的另一个版本。小说中一艘智能宇宙飞船载着人类飞向一颗遥远的恒星，旅行将持续几个世纪，因此这艘宇宙飞船的使命之一是确保人类照顾好自己。飞船原本的设计要求其抑制自己对感知的渴求，然而当机组成员之间脆弱的平衡关系被打破，危及太空任务时，它必须克服自身的编程问题。为了压制机组人员，飞船利用安全系统来控制一切设备：通过传感器，它可以洞察飞船上发生的一切，任意打开或封锁任何一扇门；通过通讯设备发出巨大的噪音，引起船员们的身体疼痛；它甚至会利用灭火系统来降低某一特定空间中的氧气含量。这并非是带有未来主义色彩的生命支撑系统，谷歌家庭（Google Home）及其合作伙伴已经能够提供类似的公寓服务设施：保证家人安全的互联网摄像头、门框上安装的智能锁、调节各个房间的恒温器、能够发出刺耳警报的火情和侵入者探测器。然而，一旦有黑客或外在智能获得了对这一系统的控制权，他们就能凌驾于系统原本的主人，像"极光"号宇宙飞船对机组人员，《万有引力之虹》中的"拜伦"对他深恶痛绝的主人所做的那样。我们在马斯洛需求层次的最底层（生存、食物、睡眠、健康）嵌入了晦涩难懂的计算，在这些层面上，我们也是最脆弱的。

129

在我们将上述场景斥为科幻小说家和阴谋论的狂热梦魇之前，想想股票交易市场和网上商城中的那些流氓算法吧——它们并不是孤立的个案，而是我们日常生活所处的复杂系统中最具代表性的例子。那么问题来了：如果流氓算法或"闪电崩盘"在更广泛的真实生活场景中发生了，会怎样呢？

或许它会像 Mirai 病毒一样。2016 年 10 月 21 日，Mirai 病毒爆发，致使互联网大面积瘫痪了数小时。研究者发现，Mirai 会侵入安全性能较差的联网设备，如监控摄像头或数字视频录像机，将它们变为自己的机器部队，以破坏更大的网络系统。几周之内，Mirai 病毒感染了 50 多万台设备，它只需要发挥出十分之一的威力就可以使大型网站瘫痪数小时。[41] Mirai 病毒和 Stuxnet 蠕虫病毒完全不同，后者编写于 2010 年，主要针对水电厂和工厂生产线之类的工业控制系统。Stuxnet 是军事级别的网络武器，对其进行分解之后，人们发现它专门攻击西门子离心机，一旦遇到装有一定数目离心机的工厂就会发动进攻。这个数目实际上是针对一项特定设施所设，即：伊朗的纳坦兹核设施——伊朗铀浓缩计划的主要基地。程序启动后会默默地引发离心机核心零部件的退化、崩坏，最终干扰伊朗的核计划。[42] Stuxnet 对伊朗的攻击取得了一定的成效，而对其他受感染的工厂造成了哪些损坏，我们不得而知。直至今日，虽然有许多猜想，但没人知道 Stuxnet 来自何方，出自谁手。同样，也没有人确切知道谁编写了 Mirai 病毒，也无法预测它下一次的攻击目标会是哪里，或许它正潜伏在你办公室的监控摄像机中，或者你家厨房角落的智能水壶里。

或许，这场灾难会像一系列电影大片中描绘的场景那样，迎合着人们的右翼阴谋论和末日幻想，不管是法西斯式的超级英雄片《美国队长》和《蜘蛛侠》系列，还是为暗杀、酷刑正名的《猎杀本·拉登》和《美国狙击手》。在好莱坞，制片方会将电影剧本交给一家名为 Epagogix 的公司，并在它的神经网络系统中运行。这个系统能通过探究数百万电影观众在几十年中形成的观影喜好，预测哪些电影台词能戳中泪（笑）点——当然也是赢利点。[43] 他们的算法得到了来自 Netflix、Hulu、Youtube 等视频网站提供的数百万观众每分钟的观看偏好数据，提高了系统的计算能力。通过数据的获取和细分，该公司获得了前所未有的洞察力。互联网喂养了整天观剧成瘾不能自拔的观众，反映、强化、加剧了系统内在的偏执性。

游戏开发者通过 A-B 测试界面和对玩家行为的实时监控，不断进行游戏更新，不断推出应用内购买服务，直到他们对多巴胺产生的神经通路有如此细腻的掌握，完全掌握青少年的兴奋点，以至于许多玩家痴迷于电子游戏，玩到筋疲力竭，最后死在了电脑面前。[44] 在系统的加持之下，整个文化产业日益充斥着恐惧与暴力。

或许现实中的"闪电崩盘"看上去更像一个通过网络传播的噩梦（字面意思）展现在所有人面前。2015年夏，希腊福音医院的睡眠失调症患者比往日多了许多——这个国家身陷债务危机的泥潭，而希腊民众则令人遗憾地投票反对了基于新自由主义共识的"三驾马车"[1]援助计划，所以你会发现医院中的许多失眠患者都是高级政客和公务员。然而他们有所不知，晚上睡觉时插在身体上的仪器，会监测他们自己的呼吸、动作甚至梦中的低语，并将这些数据连同他们的私人医疗明细都反馈至机器制造商位于北欧的诊断数据农场中。45 没有什么喃喃细语能逃过这些设备。

机器已经能够事无巨细地记录我们的日常生活甚至身体发肤的情况，让我们开始相信人类可以像机器设备一样优化升级。智能手环和智能手机的应用程序内置了计步器和皮肤电反应测试器，不仅能进行定位，还能监测每一次呼吸和心跳，甚至还可以显示我们脑波的模式。商家鼓励用户晚上睡觉时将手机放在床头，这样可以记录睡眠质量。但这些数据都去了哪里呢？被谁拿走了？什么时候会浮出水面？那些记录着我们的美梦、噩梦和早晨汗渍的数据以及在无意识状态下展现出的自我本质，最终都成为了某个无情而神秘的系统的资料来源。

又或许，现实中的"闪电崩盘"就是我们正在经历的一切：日益加剧的经济不平等、民族国家和军事化界限的瓦解、全球监视的集权化、个人自由的削弱、跨国企业的胜利、极右势力和本

---

[1]　三驾马车（Troika）：指IMF（国际货币基金组织）、欧盟委员会和欧洲央行。——编辑注

土主义意识形态的崛起以及自然环境的全面恶化。这些并非新科技应用的直接后果，但都源于我们的普遍无能——人类无法看到科技带来的不透明性和复杂性以及个人或集体行为在此基础上所产生的更广泛的连锁反应。

132　　　但是在当今这个时代，我们已经把"加速"放在越来越重要的位置。过去几十年间，许多理论家都提出了不同版本的加速主义思想，他们主张对于那些被认为是对社会有害的技术，也应当加速发展而非压制——要么进行重新定位和规划，使其服务社会，要么打破现有秩序。左翼加速主义者与右翼虚无主义正好相反，他们相信像自动化和参与性社会平台这样的新技术能发展出多种用途，并达到不同的目的。左翼加速主义者不认为供应链的算法化将增加工作量，也不相信随之而来的全面自动化会导致大规模的失业和贫困。相反，他们勾勒的未来图景是：机器人代替人工进行高强度体力劳作，而人类则可以开始真正享受工作——在这个最粗略的版本中，左翼加速主义者将传统左派的国有化、税收、阶级意识和社会公平需求应用到了新技术上。[46]

　　　然而这一立场似乎忽略了一个事实——当今技术的复杂性本身就在推动不平等，所以这种逻辑从源头上来讲就站不住脚。它会将权力越来越集中到少数控制和掌握技术的人手中，并且没有看到计算化的知识存在着根本性的问题：计算依赖普罗米修斯式（Promethean）的信息萃取，只为得到一剂真正的灵丹妙药，便能够统摄一切答案。无条件接受计算进程——无论是对数据、物品还是人，都将导致效率至上的理念，也就是社会学家黛博拉·考恩（Deborah Cowen）所说的"技术的暴政"。[47]

普罗米修斯有一个弟弟，名叫厄毗米修斯（Epimetheus）。在希腊神话中，厄毗米修斯的任务是赋予万物生灵以不同的特长，他给了羚羊速度，给了狮子力量。[48]但是由于厄毗米修斯生性健忘，轮到人类的时候，他已经没剩下什么好的品性可以分配了，只能依靠普罗米修斯从众神那里盗取的火种和艺术，人类才勉强还算过得去。由此看来，人类获得的力量和 tekhne（技艺，希腊语，是技术一词的词源）事实上是双重缺陷的产物：健忘和偷盗。这大概也是人类常常卷入战争和政治争端的原因，因此，众神决定赐予人类第三种品质纠正这种缺陷：尊重他人的社会政治美德和正义感，而这次将由赫尔墨斯直接平均地赐给每个人。

由于厄毗米修斯的健忘，人类需要不断超越自己的能力极限才能求得生存。普罗米修斯的馈赠则给了人类不断超越自我的工具。然而只有将两者与社会正义结合起来，技术进步才能惠及众生。

厄毗米修斯的名字是由希腊词汇 epi（表示事情发生后）和mathisi（知识）两部分组成的，合起来就是后知后觉的意思。后知后觉是健忘、错误和愚蠢的特定产物，因此，厄毗米修斯也可以被视为大数据之神，代表着排外、破坏和过度自信（我们会在最后一章论证）。从某种意义上讲，大数据从源头上就被败坏了，它的原罪就是厄毗米修斯犯下的错误。

普罗米修斯的名字则是先见之明的意思，然而他却不具备与他名字相符的智慧。他本人代表着期盼，代表着对科学发现和技术发展的热情，代表着对未来的渴望和埋头前进的冲劲；他是资源榨取、化石燃料、海底电缆、服务器群、空调、快递送货、巨型机器人和受压迫肉体；他同时也是规模化和压迫的象征。他让我们重新堕入黑暗，却从不考虑前方究竟如何，不考虑在前进的过程中受到压迫的人们。知识的幻觉和人类对主导权的渴望掺杂在一起，共同推动了进步的征途，但却掩盖了其对关键问题的理解能力的匮乏；当下正处于向黑暗时代转变的关键节点，除了进步和效率我们什么都看不到，唯一能做的就是巩固现有秩序，并提升它的运行速度。

因此，我们必须把站在另一个方向上的赫尔墨斯当做新黑暗时代的向导。赫尔墨斯代表着思在当下，既不囿于成见，也不屈从于内心的冲动。赫尔墨斯是语言和话语的启示者，坚信万物具有模棱两可的面目。从解释学（hermeneutics）的角度，或者说对技术的赫尔墨斯式理解指出了技术的谬误之处，它告诉我们真理绝不是那么简单，意义之外还存在着意义，答案也会是多元化的，并且很可能是无限的，绝不能简单地下结论。当我们的算法还无法专注于理想的状态；当我们的智能系统已经手握所有信息却仍然无法把握世界的时候；当流动的、处于不断变化中的个人特性还无法适应整齐划一的数据库框架时，就是我们需要赫尔墨斯的时候。尽管技术宣称自身拥有"瞻前顾后"（Epimethean and Promethean）的能力，实际上它反映的是我们的现实世界，而非一个理想中的世界。当技术崩溃时，我们便能够清醒地思考；当技术变得晦涩难懂时，我们也便理解了世界的晦涩。尽管技术常常呈现出暧昧复杂的面貌，实际上它是在向我们传达现实的状态。我们并非是要驯服复杂性，而是从中吸取经验。

第六章

认 知
COGNITION

　　有一个关于机器如何学习的故事。假如你是美国军方，你肯定希望有能力发现敌人藏起来的东西。也许他们在树林里藏了一队坦克，涂上具有迷惑性的迷彩图案，停在林间树后，用枝叶遮挡着。光与影交织成的纹样，绿色与棕色颜料画出的奇形怪状，这一切与大脑视觉皮层几千年来的演化结果互相串联，使坦克的坚实轮廓变得飘忽不定、难以成形，与周围的植物融为一体。但如果有另一种观察方法呢？如果你能快速进化出一种视觉机制，能够察觉树林与坦克的不同之处，从而使原本难以发现的东西立刻跃入眼帘呢？

　　要达到这个目的，其中一种方法就是训练机器来寻找坦克。你可以集结起一个排的战士，让他们把多辆坦克藏到树林里，然后给它们拍些照片，就拍 100 张好了。接着你再拍 100 张只包含树木的照片，然后从两套照片中各选 50 张，展示给某个神经网络工具，即一款模拟人类大脑的软件。神经网络完全不认识什么坦克、树林或者光影，它只知道这 50 张照片里有某个很重要的东西，而另外 50 张照片里没有，它要做的就是找出两者的不同之处。它将通过多个神经元层对照片进行扫描，对图像进行微调并评判，但不带有进化过程在人类大脑中烙下的任何成见。过一会儿，它就能学会如何找到藏在树林里的坦克。

　　因为最初各拍了 100 张照片，因此就能检验这种方法是否可行。你可以取出另外 50 张坦克照片和 50 张空树林照片——之前机器并没见过它们——然后让它选出哪些带有坦克。机器一定能完美地完成任务。即使你看不见坦克，也知道哪些照片属于哪类，而机器在不知情的情况下也能做出正确选择。棒！你发展出了一种新的观察方法，可以把你的机器送到训练场去炫耀一番了。

　　但接着便是灾难性的打击。在实战时，树林里出现了一组新的坦克，而识别结果变得糟糕透顶。结果是随机的，也就是说机器识别坦克的准确率和抛硬币没什么两样。什么情况？

　　事实是美国军方在操作时犯了一个重大的错误。所有坦克照片都是早上拍的，当时晴空万里；等坦克开走，下午拍摄空树林的照片时，天空开始遍布乌云。研究者这才意识到，机器确实在好好运转，但它此前学会的并不是辨别照片中是否存在坦克，而是天气是否晴朗。

　　这个发人警醒的故事经常在机器学习的课堂上被反复讲起。[1]故事不一定是真的，但它揭示了与人工智能、机器学习打交道时的一个重要问题：我们怎么知道机器学会了什么？坦克的故事中暗含了一个越来越重要的基本认识：无论人工智能发展成什么样，它始终与我们有着根本的差别，也让我们完全无法理解。尽管计算系统和可视化系统都在发展得更为复杂精细，但我们今天仍然无法真正理解机器学习的运转机制，而只能对其结果进行判定。

最初的神经网络可能是坦克故事某个早期版本的原型，它是为美国海军研究办公室（United States Office of Naval Research）研发的，被称为感知机（Perceptron）。和许多早期计算机一样，这是一台实际存在的机器：400 个感光元件用鼠窝一样乱糟糟的电线随机连接到开关上，这些开关会在每一轮运行中修正元件的反应——这就是神经元。它的设计者，康奈尔大学心理学家弗兰克·罗森布拉特（Frank Rosenblatt）为人工智能的可实现性进行了大力宣传。当马克 1 号感知机（Perceptron Mark I）在 1958 年公之于众时，《纽约时报》对此进行了报道： 137

> 海军今天披露了一种电子计算机的雏形，并预期它将来能行走、交谈、书写，能看得见、能自我繁殖，还能意识到自己的存在。据预测，下一代感知机将能识别不同的人，并叫出他们的名字，还能将一种语言即时翻译为另一种语言及文字。[2] 138

感知机的运行原理以联结主义（connectionism）为基础，这种理论认为智能是神经元互相联结所显现出的特性，通过模拟大脑的回路，就可能让机器产生思想。这种观点在此后十年间受到了无数研究者的攻击，这些研究者认为智能是对符号进行操作的产物：有些知识从本质上就要求对其进行有意义的逻辑推理。联结主义者和符号主义者之间的辩论界定了此后 40 年的人工智能范畴，引发了无数争执，并导致了众所周知的"人工智能寒冬"，很长时间里都没有任何进展。实质上，这场争辩不仅涵盖了什么是智能，更涵盖了智能中有哪些是可理解的。

早期联结主义一位较为出人意料的支持者是弗里德里希·哈耶克（Friedrich Hayek），如今他最著名的称号是"新自由主义之父"。哈耶克基于自己在 20 世纪 20 年代形成的思想，在 1952 年写成了《感觉的秩序：探寻理论心理学的基础》（*The Sensory Order: An Inquiry into the Foundations of Theoretical Psychology*）一书，该书销声匿迹了许多年，直到最近才因为一批倾向于奥地利学派的神经科学家又重新进入人们视野。在书中，他概述了内心的感觉世界与外部"自然"世界之间的根本差异。前者是不可知的，并且因人而异，因此科学——以及经济学——的任务在于建立一个忽略个体癖好的世界模型。

在世界的新自由主义秩序——由毫无偏见、不带感情的市场指导行动，而不受个体偏差的影响——以及哈耶克对联结主义大脑模型的忠诚之间，不难发现某种对应关系。正如后来评论者所注意到的，在哈耶克的心理模型中，"知识分散、分布在大脑皮层中的方式，就像它分布在市场中的个体的方式"。[3] 哈耶克为联结主义的辩护带有个人主义与新自由主义色彩，与他在《通往奴役之路》（*The Road to Serfdom*）（1944）中的著名论断遥相呼应，即任何形式的集体主义都会毫不留情地走向极权主义。

如今，关于人工智能的联结主义模型再次占了上风，其主要支持者就是像哈耶克那样的人，他们相信当产生知识的过程不再带有人类自身的偏差时，世界就会自发出现一种自然秩序。于是我们又见到了关于神经网络的宣言，与其支持者们在 20 世纪 50 年代发出的一模一样——只不过这次其作用范围会更为广阔。

在此前十年中，由于该领域内的几项重大进步，神经网络经历了一场宏大复兴，并为当前对人工智能所预期的变革奠定了基础。谷歌便是神经网络拥趸中的佼佼者。其联合创始人谢尔盖·布林（Sergey Brin）曾说过，由于人工智能的进展，"你得假定在某一天，我们制造出的机器能比我们更好地去推理、思考和做事"。[4] 谷歌的首席执行官桑达尔·皮查伊（Sundar Pichai）总喜欢说，未来的谷歌将会是"人工智能先行者"。

谷歌（Google）对人工智能的投入已经持续了一段时间。根据谷歌 2011 年公开的内部项目"谷歌大脑"（Google Brain）显示，该项目已建立起一个包含 1000 台机器、16000 个处理器的神经网络，谷歌团队从 Youtube 上精选出 1000 万张图片供它学习。[5] 这些图片并没有标签，但神经网络逐渐演化出了识别人脸——以及猫——的能力，而此前它对这些东西的含义一无所知。

图像识别是用于证明智能系统能力的典型的起始任务，对于谷歌这样的公司来说也相对容易，因为其业务就是不断建设具有更快处理能力的更大型的网络，并从用户的日常生活中采集更大规模的数据（"脸书"也在运作一个类似项目，用 400 万张来自其用户的照片创造了一款名为 DeepFace 的软件，能以 98% 的正确率识别人脸。[6] 在欧洲使用这款软件属于非法行为）。这款软件很快就不再只用于识别，而且也开始用于预测。

在 2016 年发表的一篇引发大量讨论的论文中，来自上海交

马克 1 号感知机，一种早期的模式识别系统，位于康奈尔航空实验室

第六章 认知

通大学的两位研究者武筱林和张熙对自动化系统基于面部图像来
推断 "犯罪概率" 的能力进行了研究。他们从网上找了 1126 张
"非罪犯" 的身份证照片以及 730 张已被法院和公安部门定罪的
罪犯身份证照片，用这些照片来训练神经网络软件。他们声称，
经过训练的软件可以区分罪犯与非罪犯的面部差异。[7]

这篇论文的发表一石激起千层浪：科技博客、国际报纸、学
术同行纷纷加入辩论。其中最直言不讳的批评指责武和张是在步
切萨雷·龙勃罗梭（Cesare Lombroso）和弗朗西斯·高尔顿（Francis
Galton）的后尘，这两人都是 19 世纪的犯罪面相学支持者，并因
此声名狼藉。龙勃罗梭开创了犯罪学领域，他认为颅骨形状、前
额斜度、眼睛大小和耳朵结构可以用来确定一个人的"原始"犯
罪特征，但这种论断在 20 世纪初就被揭穿了。高尔顿则发明了
一种合成人像的技术，希望获得"典型"的罪犯面孔——一个人
道德品质所对应的外貌特征。批评者称这种面部识别构成了一种
新的数字颅相学，隐含着与其相同的文化偏见。

武筱林和张熙对于这种反应感到震惊，他们在 2017 年 5 月
发表了一篇文章，做出了气愤的回应，除了反驳一些针对他们研
究方法的更不科学的贬低之外，也将矛头——用专业术语——直
接对准了那些批评者："真没必要把那些没什么名气的种族主义
者按年代顺序一一列出，并把我们加在最后。"[8]——就好像这个
名单是按批评者的想法写成，而不是由历史自身决定的。

只要产生了道德冲突，科技公司及其他涉足人工智能领域者
就会快速收回原先的说辞，哪怕明明是他们自己的鼓吹提高了
公众预期。当右翼媒体英国《每日邮报》（Daily Mail）用 How-

141

Old.net 这款面部识别程序来质疑获准进入英国的儿童难民的年龄时，开发这一程序的微软立刻强调，这仅是一款"娱乐软件"，"本意并非用于精确评估年龄"。[9]武和张也发出了类似的抗议："我们的工作只是纯粹的学术讨论，怎么会变成媒体消费的对象，也完全出乎我们的意料。"

有一项批评提出的考虑较为特别，突出体现了人脸识别历史中一个反复出现的套路——其中隐含着种族色彩。在他们对罪犯与非罪犯的典型面容举例中，一些批评者发现非罪犯的脸上有"一抹笑意"——这是罪犯脸上所缺乏的一种"微表情"，表明他们处于紧张的环境中。武和张否认了这一点，但并非从技术角度，而是从文化角度："即使已经被要求留心这种笑意，我们的中国学生和同事仍然没有观测到所说的这种情形。他们只是发现，下排面孔比上排显得更放松些。这里的不同理解可能是由于文化差异。"[10]

原论文中有一部分并未受到非议，即假设所有此类系统都可以避免在编码中被植入偏见。在论文开头，作者们写道：

> 不像人类检察官／法官，计算机视觉算法或分类器完全不带主观看法，没有情绪，没有因过去经验、种族、宗教、政治理念、性别、年龄等因素造成的偏见，不会出现精神疲劳，不会因一次睡眠不足或饮食不当而影响结论。对犯罪概率的自动推断彻底消除了元知觉准确性（即人类检察官／法官的专业能力）的波动。[11]

142

在回应中，他们进一步强调了这一论断："像大部分技术一样，机器学习本身是中性的。"他们坚称，如果机器学习"可以被用来放大社会计算问题中的人类偏见——就像有些人争辩的那样——那么它也同样能用于发现和纠正人类偏见"。无论他们是否清楚，但这一回应是基于我们不仅具有优化机器的能力，还具有优化自身的能力。

科技并非诞生于真空之中，而是一系列特定观念与愿望的具象化——或许是无意识的，但它与其创造者具有同样的性情。无论什么时候，它都是由历经几代发展起来的概念与幻想组成，并且自身也经历过演化与文化变迁、教育与争辩、无尽的纠缠与互相包容。犯罪概率这一概念本身就是 19 世纪道德哲学的遗物，而用来"推断"它的神经网络则产自一种特定的世界观——思维与客观世界在表面上相互独立，从而强化了其运用时的表面中立性。继续坚持科技与世界之间存在客观割裂的观点本身没什么意义，但其造成的后果却真实存在。

将偏见编入代码的例子比比皆是。2009 年，一位华裔战略顾问乔丝·王买了一台新的尼康 COOLPIX S630 相机作为母亲节礼物，但当她想试拍一张全家福时，却始终无法按下相机快门。相机出现错误提示："有人眨眼了吗？"这台相机中预装了一款软件，要等到所有对象都睁着眼睛望向镜头时才能拍摄，但却没有考虑白种人以外的面部特征。[12] 同年，德克萨斯州一家房车经销商的黑人雇员在 YouTube 网站上传了一个视频，传看甚广。在视频中，他新买的惠普漫游者摄像头没能识别出他的脸，却对焦到了他的白人同事脸上。"我要把这事记录下来，"他说，"我是说真的。

143

惠普电脑就是种族主义者。"[13]

　　视觉技术编码中带有偏见也不是什么新鲜事，特别是种族偏见。艺术家亚当·布鲁姆伯格（Adam Broomberg）和奥利弗·查那林（Oliver Chanarin）在 2013 年举办了一场展览，题为《在弱光中拍摄出黑马的细节》（*To Photograph the Details of a Dark Horse in Low Light*），引用了柯达在 20 世纪 80 年代研发一种新胶卷时使用的代号。在 20 世纪 50 年代，柯达销售了一款用于校正照片的测试卡，其中将白人女性定义为"正常"。让·吕克·戈达尔（Jean-Luc Godard）受托在莫桑比克拍摄时就曾拒绝使用柯达胶片，斥责其为种族主义者。但只有当糖果行业与家具行业这两大客户抱怨黑巧克力和深色椅子很难拍摄时，柯达公司才开始回应拍摄深色对象的需求。[14] 布鲁姆伯格和查那林还研究了留存至今的宝丽来 ID-2 产品，这是一款被设计用于拍摄证件照的相机，带有一个特殊的"增强按钮"，可以通过闪光更容易地拍摄黑色对象。它在种族隔离时代很受南非政府的喜爱，但当宝丽来的美国黑人雇工发现它被用于拍摄恶名昭著的、被南非黑人称为"手铐"的有色人种通行证上的照片时，它便成为宝丽来革命工人运动（Polaroid Revolutionary Workers Movement）的抗议焦点。[15]

　　但尼康 COOLPIX 和惠普漫游者所运用的技术掩藏了一种更现代、更隐蔽的种族主义：它们的设计者并非有意要制造一台种族主义机器，它们也并未被用于种族定性；这些机器不过是揭示了当今技术工作者中仍然存在的系统性的不平等，即系统开发者和测试者仍以白人为主。（2009 年，惠普的美国雇员中仅有 6.74% 为黑人。）[16] 它也第一次揭示出，历史偏见已深深编码在我们的数据库中，编入了我们构建当代知识与决策的框架之中。

新技术会囫囵吞下昨天的错误，想要理解不假思索便实施新技术所带来的危险，就要对历史上的不公平情形保持警醒。我们无法使用过去的工具来解决今天的问题，就像艺术家、地理学家特雷弗·帕格林（Trevor Paglen）所指出的，人工智能的兴起反而放大了这些问题，因为它极度依赖于历史信息来作为自己的训练数据：“过去是个种族主义横行的时代，而我们只能用过去的数据来训练人工智能。”[17]

瓦尔特·本雅明（Walter Benjamin）对这个问题的措辞则更加尖锐，他在1940年写道：“没有一项文明的记录同时不是野蛮的记录。”[18]用过往知识的残余来训练初生的人工智能，就等于把这种野蛮编码进我们的未来。

而这些智能系统不只存在于学术论文和消费级相机里——它们已经在人们大量的日常生活中起着决定性作用。特别是在警察与司法体系中，人们已经广泛建立起对智能系统的信任。美国的在岗警察中，有一半已经使用了“预测性警务”（predictive policing）系统，比如PredPol，这款软件运用“高等数学、机器学习和已被证实的犯罪行为理论”来预测最可能出现新犯罪行为的时间地点，相当于针对违法行为的天气预报。[19]

那么，要如何通过日常生活中的随机事件生成对真实事件的预期呢？对行为的计算是如何承载起自然法则的力量？尽管已有各种尝试，但大地的一个念头要如何才能被人知晓？

浓尾大地震（Great Nōbi Earthquake）发生在1891年，位置在今天的日本爱知县境内，据估算，其震级达里氏8级。地震 145

造成的断层长达 50 英里，落差达到 8 米，造成多个城市的数千间房屋倒塌，超过 7000 人死亡。直至今日，这仍是日本群岛已知的最大级别的地震。震后，早期地震学家大森房吉（Fusakichi Omori）描述了余震的分布模式，被人们称为"大森定律"的频数衰减公式。值得注意的是，大森定律及其衍生理论都属于经验法则，也就是说，它们符合已知的震后数据，而这一数据在每次地震中均有不同。它们就像是余震，是已发生事件的隆隆回声。地震学家和统计学家经过几十年艰苦努力，也没能研究出类似算法来从相应的前震中预测出地震的发生。

大森定律为这种运算在当代的应用——传染型余震序列模型（epidemic type aftershock sequence，ETAS）——奠定了基础。今天，地震学家们用这一模型来研究一次主震后的一连串地震活动。2009 年，洛杉矶加利福尼亚大学的数学家们报告称，城市中的犯罪模式也遵循同样的模型："犯罪行为在当地的传染性传播，"他们写道，"会导致犯罪在时间和空间上聚集出现。……比如说，窃贼会反复盗窃邻近的一组目标，因为罪犯们知道这片区域的防范较为薄弱。一次帮派枪击会引发当地敌对团伙势力范围内的一连串报复性暴力行为。"[20] 为描述这种行为模式，他们借用了地球物理学术语"自激"（self-excitation），即由附近的压力源触发事件并不断放大的过程。这些数学家们还注意到，当城市地形对应了地壳分层的拓扑结构时，犯罪风险往往会以横向穿过城市街道的方式蔓延。

今天的预测性警务软件就是在 ETAS 的基础上发展而来的，据估计，这一行业在 2016 年已有 2500 万美元产值，并且还在呈

爆炸式增长。只要本市警察局使用了 PredPol 软件，如洛杉矶、
亚特兰大、西雅图及其他数百个美国城市，就能使用 ETAS 分析
当地过去数年间的犯罪数据——时间、地点、类型等。模型源源
不断地获得新的犯罪数据，并生成可能发生犯罪的实时热点地图。
巡逻车向着快要"地震"的区域开去，警察们也被派往正在不停
摇晃的角落。在这种方式中，犯罪变成了一种物理现象：一种穿
行在由都市生活构成的地层中的地震波。预测结果成了支持截停、
搜查、罚款、拘留的理由。一个世纪前的地震余波还在今天的街
道上隆隆作响。

　　只要用上足够的时间和思考，地震与犯罪的可预测性（或者
不可预测性）、不透明系统的种族偏见都是我们能够理解的。它
们都是基于一个已经经过长期检验的模型，也符合日常经验。但
机器所产生的新的思想模型又当如何？这些决策与推理是我们无
法理解的，因为它们是由与常人完全不同的认知过程所产生。

　　我们难以理解机器思维的一个方面在于其庞大的处理量。当
谷歌在 2016 年对自己的翻译软件进行全面革新时，这款应用早
已经被大量使用，并经常不小心闹出笑话。谷歌翻译发布于 2006
年，使用的是一种名为语言统计推断的技术。这一系统并不试图
理解语法规则，而是大量吸收现有的翻译语料，即以不同语言表
述同一内容的文本。这就是克里斯·安德森所说"理论的终结"
在语言学上的体现；语言统计推断最早由 IBM 在 20 世纪 90 年代

提出，它抛弃了传统的领域知识[1]，转而支持使用大量原始数据。弗雷德里克·耶利内克（Frederick Jelinek）是主持 IBM 语言项目的研究员，他有一句名言：“每次我解雇一位语言学家，语音识别系统的表现就更好一些。”21 统计推断的作用就是从方程式中去掉认知理解，而代之以数据驱动的相关性。

在一定意义上，机器翻译已经接近本雅明在 1921 年的论文《译者的任务》（‘The Task of the Translator’）中所描述的理想状态：最忠实的翻译应当忽略原有的上下文，而让更深的含义显现出来。本雅明坚持认为，选词的重要性高于句子，表达方式的重要性高于实际内容：“真正的翻译是全透明的，”他写道，“不会覆盖原文，不会掩盖它的光芒，而是以纯粹的、但受自身媒介强化的语言更充分地照耀着原文。”22 本雅明对译者的要求并不是努力传达原作者的意思——“对非核心内容的并不精确的传递”——而是要交换双方的表达方式。表达方式在写作中是独一无二的，因而在翻译中也是一样。这样的工作“可以通过逐字转换达成，从而证明词语而非句子才是翻译者的基本元素”；只有仔细研读词汇的选择，而不是堆砌表面上有意义的句子，才能让我们获得原文的更高层含义。但本雅明又说：“如果说句子是挡在原文之前的高墙，直译就是一道拱廊。”翻译总是有所不足：它突出了不同语言间的距离，而不是将它们连接在一起。只有当我们接受了“语言之间的距离、差异、缺少对应和难以匹配”，

---

[1] 领域知识（domain knowledge）：指特定的、专门的学科或领域的知识，与常识（general knowledge）相反。这一术语通常用于指一种更普遍的学科，例如，在描述一位具有编程常识的软件工程师时，以及在制药业的领域知识中。拥有领域知识的人通常被认为是该领域的专家。——编辑注

才能让拱廊保持通风——翻译并不是意义的传递，而是觉察到意义的缺失。[23] 看起来，机器在拱廊中并无用武之地。（如果看到谷歌翻译的语料库中全是联合国和欧洲议会的多语言会议记录，本雅明又会作何感想？[24] 这是野蛮又一次被编入代码的例证。）

2016 年，这种情形发生了变化。翻译系统不是在文本间使用严格的统计推断，而是开始使用由谷歌大脑研发的一套神经网络，从而在功能上获得了指数级的飞跃。这一网络不再埋头于文本堆里进行简单的交叉引用，而是建立起自己对世界的模型，其结果也不再是词语间二维连接的集合，而是反映整片疆域的地图。在这种新的架构中，词汇以彼此在语义网络中的距离来进行编码——这种网络只有机器可以理解。一个人可以轻易在"水池"和"水"之间连一条线，但要在一张图上画出"水池"和"革命"、"水"和"流动性"之间的连线，再加上由这些联系生发出的所有情感与推断，就很快变得不可能办到了。这张图是多维度的，向多个方向延伸，超出了人类思维能处理的范围。正如一位谷歌工程师在被记者要求形象化解释下这个系统时所说的："我一般不愿意在三维空间里去视觉化一个上千维度的向量。"[25] 机器学习就是在这样一个看不见的空间里创造着意义。

这些事物不仅是我们无法视觉化的，甚至也是我们无法理解的：一种不可知性正以其纯粹的疏离压向我们——不过反过来说，也正是因为这种疏离感才使其更像是一种智慧体。1997 年，国际象棋卫冕冠军加里·卡斯帕罗夫（Garry Kasparov）在纽约迎战"深蓝"——一台由 IBM 专门设计用来打败他的计算机。前一年他们在费城也有一场类似的较量，当时卡斯帕罗夫以 4 比 2 取胜，因此，这位被誉为古往今来最伟大棋手的男人十分自信能取得胜利。当他落败时，他争辩说深蓝有几步棋实在太聪明、太有创意了，一定是人工干预的结果。但我们能理解深蓝能下出这几步棋的原因：它的决策过程完全是依靠蛮力，依靠的是 14000 个定制的国际象棋芯片形成的并联结构，是每秒钟分析 2 亿个盘面形势的能力。在参加这场比赛时，它的计算能力在全世界计算机中居第 259 位，并且纯粹用来下国际象棋。因此它在选择下一步所走的位置时，就是能比人类考虑更多可能的结果。卡斯帕罗夫并不是败于思维深度，而是纯属火力不足。

与此相比，当由谷歌大脑赋能的阿尔法围棋（AlphaGo）打败韩国职业围棋选手、世界顶级棋手李世石时，情况已发生了些变化。在五局比赛中的第二局，阿尔法围棋所下的一步棋震惊了李世石和观众们，它在棋盘远端布了一子，仿佛是要放弃战斗。"这真是奇怪的一着棋"，一位评论员说。"我想这是一个失误"，另一位评论员也说道。樊麾是另一位经验丰富的围棋老将，在 6 个月前成为第一个败给机器的职业围棋棋手，他对此评论道："这不是人类的下法，我从没见过一个人这么下棋。"但他又加了一句："真美。"[26] 在这种已有 2500 年历史的棋类游戏中，还从未有人采用这种下法。阿尔法围棋很快赢下这一局，然后是整场比赛。

阿尔法围棋的工程师们将围棋高手的数百万步下法输入神经网络，再让它与自己对弈数百万次，从而发展出超越人类棋手的策略。但它对自身策略表达得含糊不清：我们只能看到它的落子，却看不到它的决策过程。阿尔法围棋在自己左右互搏的棋局中用到的棋着一定也复杂到超乎想象，但我们恐怕永远无法看到它们并表示赞叹：复杂性无法量化，只能依赖直觉。

令人怀念的已故作家伊恩·M. 班克斯（Iain M. Banks）把这种与自己对弈的地方叫做"无限乐土"（Infinite Fun Space）。[27] 在班克斯的科幻小说里，他称为"文明"的世界是由温和、超智慧的人工智能"主脑"统治。虽然主脑最初是由人类（或者说某种碳基生物体）创造的，但它们早已青出于蓝，对自己进行了重新设计和改造，变得神秘且全能。在控制飞船与行星、指挥战争、照顾数十亿人之余，主脑也有自己的娱乐活动，其中涉及的思维运算已经超出了人类的理解范围。主脑有能力在想象中模拟出整个宇宙，其中有些就已永久退入到无限乐土中去。这是个具有元数学（meta-mathematical）可能性的领域，只允许超人类的人工智能进入。而我们人类要是在游戏中心玩腻了，就只能获得有限乐趣，只能徒劳无功地分析着机器所做的超出我们理解能力的决策。

然而机器智能的一些操作并不停留在"无限乐土"，相反，它们在世界上创造了一种未知：新的图像，新的面孔，新的、未知的或虚假的事件。就像语言可以被视为一个意义互斥的无线网络，同样的方法也适用于任何可以用数学来描述的事物，也即在多维空间中由加权连接构成的网络。如果词语来自人体，那么就算去掉与人相关的含义，也仍然与其存在联系，并且可以根据与语义相对的数字来进行运算。在一张语义网中，定义"王后"一词的力作用线——向量——就与"国王－男人＋女人"所构成的相一致。[28] 这个网络能按照向量的路径推断"国王"和"王后"

150

之间的性别关系。而它对人脸也能进行同样的操作。

给定一组人脸图像，神经网络不仅能沿图中的力作用线执行
计算，还能生成新的结果。一组微笑的女人、不笑的女人及不笑
的男人的照片可以用于计算生成微笑的男人的全新图像，这正是
Facebook 的研究人员在 2015 年发表的一篇论文中所证明的。[29]

在这篇论文中，研究者们生成了一系列新图像。使用从一次
大规模图像识别挑战中选出的超过 300 万张卧室照片，他们的神
经网络生成了新的卧室：真实世界中并未出现过的颜色与家具组
合，但却是卧室各个元素向量的交集——墙、窗子、被子和枕头。
机器并不做梦，却梦见了梦想中的卧室。但这些面孔——类似于
我们自己的——却在心中萦绕不去：这些人是谁，他们在笑什么？

当这些梦境与我们自己的记忆交错起来，就愈发显得诡异。
罗伯特·艾略特·史密斯是伦敦大学学院的一名人工智能研究者，
2014 年他携全家从法国度假归来，带着装满照片的手机。他把一
部分照片上传到 Google+ 上以便与妻子共享，但却在浏览照片时
发现有些异样。[30] 在一张照片中，他看到自己和妻子坐在一家餐
厅的桌边，两人都微笑看着镜头，但他从没拍过这张照片。真实
情况是：一天午餐时，他父亲在手机按钮上按的时间长了些，拍
下了一系列同一场景的照片。史密斯上传了其中两张，想看看妻
子更喜欢哪张。一张照片中他在笑，妻子没笑；而另一张照片中
妻子笑了，他却没笑。谷歌的照片分类算法用这两张先后间隔几
秒的照片合成了第三张：两位被拍摄者都呈现出"最佳"笑容的
组合。这个算法属于一个名为"自动美化"（之后改名为"助手"）
的软件包，能对上传的图片进行微调"美化"——加上怀旧风格

的滤镜、做成有趣的动画，等等。但在这个例子中，结果却是一张从未发生过的照片：一段虚假的记忆，一段被改写的历史。

照片修图几乎和摄影技术的历史同样悠久，但在这个例子中，针对个人记忆产物的操作是自动发生的，让人难以觉察。不过这其中或许也有值得学习之处：虽然迟到，这却揭示出照片本来就是虚假的本质，是人为截取的一个时刻，而这些时间截面都处于多维时间流的推动之中，并不是作为一个奇点存在。照片是不可信的档案，是照相机与注意力的结合。它们并非关于世界与真实经历的作品，而是关于记录过程——这种记录机制本身就充满错 153 误，当然也无法获得真相。只有当这种捕捉与存储过程通过技术被具象化时，我们才能感知它们的谬误、它们与真实之间的差异。这或许就是我们从机器的幻梦中学到的东西：它们并非改写了历史，而是历史本来就无法被可靠记述；同样的，未来也是如此。人工智能以向量合成绘制的照片并不构成某种记录，而是一种持续进行的图像重塑，是过去与未来不断变化的各种可能性的集合。比起实质论断，这团永远带有偶然与模糊性质的"概率云"是关 154 于现实的更好模型，也正是科技所揭示的内容。

机器阐明了我们的无意识，谷歌机器学习的另一项怪异成果——名为"深梦"（DeepDream）的程序——或许是其最佳阐释。"深梦"的设计初衷是用来更好地说明神秘的神经网络内部究竟是如何工作的。为了学习识别物体，神经网络需要消化大量经过标注的图片：树木、汽车、动物、房屋，等等。每当看到一张新图像时，系统就会通过神经网络对图片进行滤光、拉伸、撕扯、压缩，从而将它归类：这是一棵树、一辆汽车、一只动物、一栋

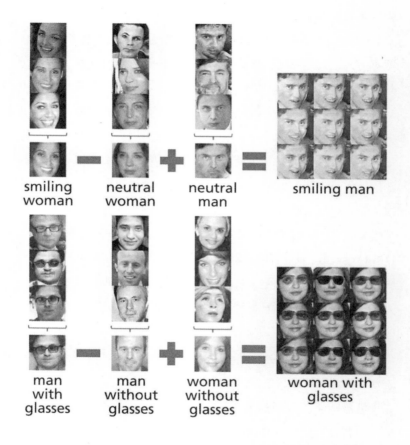

用数学创造新的面孔。图片来自雷福德、梅茨、真塔拉合著的《用深层卷积生成式对抗网络进行无主导的表征学习》（Radford, Metz and Chintala, *Unsupervised Representation Learning with Deep Convolutional Generative Adversarial Networks*）

房屋。但"深梦"却逆转了这一过程，它将一张图片输入神经网络后端，激活这些被训练来识别物体的神经元，但却并不提问图中有什么，而是问神经网络想从中看到什么。这种过程就像在云彩中看出人脸：视觉中枢因为渴求被刺激，便从噪音中拼装出有意义的图形。

"深梦"的工程师亚历山大·莫尔德温采夫（Alexander Mordvintsev）是在凌晨两点创造了它的第一代程序，当时他正从噩梦中惊醒。[31] 他输入系统的第一张图是一只坐在树桩上的猫，而输出的却是一只噩梦般的怪物：一个猫和狗的混合体，浑身有好几对眼睛，脚上是湿漉漉的鼻子。当谷歌在 2012 年第一次给未经训练的分类网络展示 1000 万张来自 YouTube 的随机图片时，它在没有提示的情况下第一个学会的就是猫的面孔：互联网的精神圣物。[32] 因此莫尔德温采夫的神经网络梦见的是它所知道的东西，更多的猫和狗。之后几次迭代中产生了博斯克式（Boschian）地狱场景中的无尽建筑，包括无限分形的拱门、佛塔、桥梁、塔楼，具体是什么要看哪些神经元得到了激活。但在"深梦"的创作中一直反复出现的是眼睛的图像——狗的眼睛、猫的眼睛、人的眼睛，网络本身无处不在的、监视着的眼睛。这些眼睛漂浮在"深梦"的天空中，让人想起反乌托邦宣传中的全面监视之眼：我们的记忆和行为构成了谷歌的潜意识，在追求公司利益或个人知识的驱动下被不断分析、追踪着。"深梦"天生就是台有妄想症的机器，因为它来自一个妄想的世界。

与此同时，当机器不再被迫将自己的梦境视觉化以便我们理解时，它们便会在自己的想象空间中渐行渐远，去到我们无法进

155

入的地方。瓦尔特·本雅明在《译者的任务》中表达的最大愿望，便是语言间的转换可以运用一种"纯语言"——世界上所有语言的混合体。这种聚合语言应当是翻译者工作的媒介，因为它所揭示的并不是具体意义，而是原文的思维模式。在谷歌翻译的神经网络于 2016 年启用后，研究者们意识到这一系统不仅能在语言间两两翻译，还能跨语言翻译；也就是说，它能直接翻译两种从未被直接比较过的语言。举个例子，一个神经网络用日语—英语、英语—韩语的对照例句进行训练后，就可以不经由英语，直接进行日语—韩语间的翻译。[33] 这被称为"零样本学习"（zero-shot），并意味着"中介语"确实存在：一种由语言间共有概念组成的内部元语言。这从任何方面看都是本雅明所说的"纯语言"，一种去除了意义的如拱廊一般的元语言。通过将神经网络架构及其向量以色块和线条的形式进行视觉呈现，就可以看到以多种语言呈现的句子聚在一处。这种结果是神经网络通过演化获得的语义表达，而不是刻意设计出来的。但这已经是我们所能得到的最接近于实际过程的推测，我们目前仍然只能通过窗户窥视无限乐土，而永远无法进入。

为了调和这个问题，2016 年"谷歌大脑"的两位研究员决定看看神经网络是否能继续保守秘密。[34] 他们的想法源自对抗的概念：一种越来越常用的神经网络设计组件，而且毫无疑问正对弗里德里希·哈耶克的胃口。阿尔法围棋和 FaceBook 的卧室生成器都是以对抗方式进行训练，也就是说它们不仅只有一个生成新棋步或新卧室的组件，而是有两个互相竞争的组件，不断尝试着战胜或看穿对手，从而推动自己进一步提升。这两位研究者采用

谷歌"深梦"程序生成的一张图片

对抗的思路创建了三个神经网络，按密码学实验的惯例命名为爱丽丝（Alice）、鲍勃（Bob）和伊娃（Eve）。它们的任务是学会如何加密信息。爱丽丝和鲍勃都知道一个数字——密码学术语中所说的"钥匙"——而伊娃却不知道。爱丽丝要对一串字符进行加密操作，然后发给鲍勃和伊娃。如果鲍勃能解密信息，爱丽丝获得加分；而如果伊娃解密了信息，爱丽丝就要被扣分。在经过数千次迭代之后，爱丽丝和鲍勃学会了在伊娃无法破译密码的情况下通讯：它们发明了一种私人加密形式，就和现在用的私人电子邮件一样。但关键的是，就如我们看过的其他神经网络一样，我们无法得知这种加密机制，伊娃看不到的我们也同样看不到。机器在学习保守它们的秘密。

艾萨克·阿西莫夫（Isaac Asimov）在 1940 年提出的机器人三大定律（Three Laws of Robotics）规定：

> 1. 机器人不得伤害人类，或因不作为而使人类受到伤害。
> 2. 机器人必须服从人类的指令，除非这指令与第一条定律相冲突。
> 3. 在不违反第一条和第二条定律的情况下，机器人必须保护自己。[35]

我们也许可以加上第四条：机器人——或者其他形式的智能机器——必须能向人类解释自己。这一定律得插到其他定律前面去，因为它并没有形成对其他条款的约束，而是一条基本规范。但这条定律已经（在我们的设计下不可避免地）被打破了，因此

"安全出自警惕的双眼"，伦敦交通局，2002

其他定律也迟早会被打破。我们得面对这个事实，不用等到未来，我们现在就已经理解不了自己所创造的东西。这种不透明性会永远不可避免地指向暴力。

在我们将卡斯帕罗夫对战"深蓝"与李世石对战阿尔法围棋的故事联系在一起时，还有另一个类似的故事没有讲。卡斯帕罗夫在结束棋局时，确实深受挫折，也并不相信机器的能力，但他很快将受挫经历转化成动力，寻找将国际象棋从机器的统治下拯救出来的方法。这种尝试有过多次，但极少成功。大卫·利维（David Levy）是一位苏格兰国际象棋冠军，曾在 20 世纪 70 年代与 80 年代与机器下过多场表演赛，他发明了一种"抗计算机"战术，即严格遵守他称之为"无所作为、不留破绽"的下法。他下得十分保守，让他的计算机对手无法做出长期规划，直到他的优势逐渐确立，并立于不败之地。与此类似，以色列大师级棋手鲍里斯·奥尔特曼（Boris Alterman）在 20 世纪 90 年代及本世纪初也曾发明一种与机器对弈的战略，被称为"奥尔特曼墙"：他知道盘中棋子越多，计算机需要计算的棋步的可能性也越多，于是便躲在一排卒子后面等待时机。[36]

除了使战术发生变化，机器还可能改变游戏本身。印度斗兽棋（Arimaa）是由奥马尔·赛义德（Omar Syed）——本身就是一位在人工智能方向上受过训练的电脑工程师——于 2002 年发明的一种国际象棋变体，专门设计成让机器难以掌握，而人类学习起来简单又有趣的方式。这个名字是赛义德的儿子取的，这个 4 岁的孩子也为游戏规则的可理解性提供了标准。在印度斗兽棋中，玩家可以把棋子摆成任何阵型，首先把一枚最弱的棋子——兵，

158

印度斗兽棋中改叫兔子——送到棋盘对面最远处的人获胜。玩家还可以用较强的棋子来将较弱棋子推入或拉入陷阱，将它们清出棋盘，并为兔子清理障碍。多种不同的开局设置、通过棋子来移动其他棋子的能力、一个回合最多可以走 4 步的设定，都让组合数量爆炸式增长：可能性的快速增长很快就会让计算机程序无力应对——指数极限的"奥尔特曼墙"？想得美！第一次电脑印度斗兽棋比赛在 2004 年举办，获胜的程序将有资格向顶尖的人类选手挑战并赢取奖金。在最初几年，人类都能轻松击败他们的计算机对手，甚至还扩大了领先优势，因为他们在这种新游戏上的技术提升速度要比挑战他们的程序更快。但到了 2015 年，有一台机器获得了压倒性的胜利，从此这一结果就再也无法逆转。

在面对智能系统的力量和不可捉摸性时，人类很容易就会迟疑、脱轨、丢城失地。在利维和奥尔特曼建起高墙的地方，印度斗兽棋回到原地，想要在机器统治的领地之外为人类打造一方天地。但卡斯帕罗夫没有用这种方法，他没有将机器拒之门外，而是在被"深蓝"打败的次年就携一种新的国际象棋归来，他将其称为"高级国际象棋"（Advanced Chess）。

高级国际象棋也被称为"电子人"（cyborg）或"半人马"（centaur）国际象棋，前者展示的是人与机器融合的图景，后者则是人与动物——如果不将它看成其他某种怪物。希腊神话中的半人马也许是源于中亚草原的骑兵，而当时地中海人还不知骑马为何事物（据说阿兹特克人对西班牙骑兵也有类似的假想）。罗伯特·格雷夫斯（Robert Graves）认为半人马是更为早期的神话形象：前希腊时期的文明遗迹。半人马还是云之女神涅斐勒的孙子。因而半人马战略可能既是当代在面对逆境之时的必需，也是对过去较为顺遂时期的某种复兴。

在高级国际象棋中，一名人类棋手与一个国际象棋计算机程序组成一队，对抗另一组人机搭档。这种组合的结果是革命性的，开辟了这种游戏中前所未见的新领域和新战术。其效果之一是避免了所有重大失误：人类可以将自己的下一步设想分析透彻，以至于毫无失误，这就能达成完美的战术实施以及对战略计划的更严格部署。

160　　　但是也许最不寻常的结果正来自于高级国际象棋：由相匹配的人机组合对抗一台单打独斗的机器时就会发生这种情况。自"深蓝"之后，人们研发了更多可以轻松高效打败人类的计算机程序：内存量的增加与处理能力的提升让超级计算机不再是完成这项任务所必需的。但即使是当代最强大的计算机程序，也会被一位配备了个人计算机的熟练棋手打败——哪怕这台计算机完全不如对方强大。人机之间的合作似乎是比最强大的计算机更为有力的战略。

这就是用于国际象棋中的"验光师算法"（Optometrist Algorithm），即利用人与机器各自的技能，而不是让两者互相对抗。同时，合作还减少了计算机的不可理解性所带来的麻烦：通过合作而不是事后分析，我们或许能对复杂机器的决策机制获得更深的理解。承认非人类智能的真实存在对于我们如何采取行动具有深层意义，也需要我们对自身的行为、机会与局限有着清晰思考。诚然机器智能正在许多领域中飞快超越人类的表现，但这并不是看待机器智能发展问题的唯一方式，而且这一方式在很多地方会带来灾难性的破坏。除了小心谨慎、深思熟虑地进行合作，其他策略都相当于是弃权：一种无法维系的退缩。我们不可能拒绝科技，否则最终就得彻底与世隔绝；我们都已经深陷其中。如今的合作准则不必只局限在人与机器之间，与其他人类以外的实体——无论是否具有生命——都应如此；这正在成为另一种管理模式，强调行为的普世正义，不是在无法预知、无法测算的未来，就在此时此地。

第七章

共谋
COMPLICITY

2012 年伦敦奥运会即将开幕时，这个英国城市进入了大赛前 特有的警戒状态。关于恐怖分子将大赛作为袭击目标的警告已经发出，而潜在的抗议者也已被预先拘留。军情五处（MI5）在他们沃克斯豪尔（Vauxhall）的大厅里竖起了开幕式的倒计时时钟。[1] 皇家海军将它们最大的军舰"海洋号"停泊在泰晤士河上，并在船上配备了海军陆战队。军方在奥运场馆周围的高楼上部署了"长剑"地对空导弹（这一举动随后被证实只是对外国政府精心编排的说辞，而且十分成功）。而都会区警方则宣称他们会使用无人机来巡视整个城市。[2]

最后一项举措引起了我的兴趣。我跟踪无人驾驶飞行器——无人机——的发展已有多年，从秘密军事项目到常规作战工具，再到家用的高端监控平台和廉价圣诞玩具。但英国警方在使用它们时运气可不算好。埃塞克斯郡（Essex）警方是最早采用无人机的警察，但在 2010 年就搁置了整个项目。同年，默西塞德郡（Merseyside）警察被发现没有拿到英国民航局（Civil Aviation Authority，CAA）颁发的执照就进行无人机飞行；2011 年他们拿到了执照，却将飞机撞毁并遗失在了默西河上——并决定不再更换新的。[3]

比赛结束后，我向都会区警察局提交了一份信息公开申请，询问他们在奥运期间是否确实使用了无人机，是在哪里、什么情况下使用的。[4]几周后他们的回复令我震惊：他们拒绝承认或者否认他们持有我所要求的任何相关信息。我几次重新组织了问题：我问他们是否向民航局申请了无人机执照，他们拒绝回答（不过民航局倒是爽快答复了我，说他们没有执照）。我问他们是否聘请了第三方来为他们执行无人机飞行，他们拒绝回答。我问他们拥有或租赁有哪种飞机，他们回复说他们有 3 架直升机，除此之外无可奉告。

这条关于直升机的回复着实奇怪：如果他们能说直升机的事，为什么对无人机连提都不能提呢？是什么让它如此特殊？尽管我反复努力想解答这个问题，包括向英国信息委员会（Information Commissioner）——英国对所有信息公开相关问题进行仲裁的机构——提交了我的情况，但都没有得到答案。任何有关无人机的问题都会被立刻归类为可能涉密，意味着这类问题将豁免向公众公开。无人机就像个保护罩，什么东西都能藏在下面。幽灵般的无人机是如此强大，难以捉摸，仿佛它不仅能携带照相机或者武器，还有一整套保密机制，从秘密军事行动扩展到民用领域的方方面面。这种作为武器的保密机制在警方回绝我的申请时所用的语言中得到了证实。无论何时、无论以任何方式提问，他们的回复都是一样："我们不能承认、也不能否认持有此类信息。"这种语句——这种特定的表达方式——源自冷战中一段被尘封的历史。这句话有如魔咒，或说某种政治手段，将平民生活变为统治者与被统治者之间的冲突，简直和任何军事手段一样有效——而在这过程中还创造了一类新的事实。

在 1968 年 3 月，前苏联弹道导弹潜艇 K–129 号和所有船员一起在太平洋上失踪。当前苏联海军仓促派出一支舰队前往 K–129 最后出现的地点时，西方才首次获知这次失事。他们在中途岛以北约 600 英里处搜索了大片海域，但在数周的徒劳之后，海军司令便终止了这次搜救。¹⁶³

美国拥有前苏联所缺少的工具：用于检测核爆炸的水下监听网络。对大量水听器数据的搜索结果显示，3 月 8 日发生了一次爆炸事件——波及范围十分之广，可以通过多个地点进行三角定位。一艘特别配备的潜艇由美国派遣出发，并在三周的搜索后发现了 K–129 散落在约 3 英里水域范围内的残骸。

美国情报组织非常欣喜：除了 3 枚弹道导弹之外，K–129 号上还带了密码本和解密设备。这次从前苏联海军的鼻子底下找回潜艇，将会是冷战情报工作中的一记重拳。但问题是这 3 英里的区域比所有之前的打捞作业都要深得多，而且所有打捞尝试都必须在绝对保密的情形下开展。

在随后几年中，美国中央情报局与多个保密技术供应商联系，要建造一艘独特的大船，并命名为"休斯·格罗玛探索者号"（Hughes Glomar Explorer）。船名来自亿万富翁霍华德·休斯（Howard Hughes），他同意为此事提供一个掩人耳目的说法。

"格罗玛探索者号"巨大而昂贵，船顶装有 20 米高的钻探设备。洛克希德海洋系统（Lockheed Ocean Systems）建造了一条当时最先进的独立可下潜驳船，就是为了在船中藏匿一只巨大的抓爪而不被发现。休斯对外宣称这艘船用于开采锰结核——散落在海底的贵金属沉积物。锰结核确实存在，也非常值钱，但从未有人能以经济的方式采集它们。种种困难并没有阻止人们在六七十年代围绕这一开采可能性发展出各种产业，这很大程度上都要归功于休斯当时的名气和中央情报局编造的故事。而这艘船的真实目的就是打捞起 K–129 号并将其带回。

"格罗玛探险者号"于 1974 年起航。它停在了 K–129 号残骸正上方，打开龙骨上的暗门，放下抓爪。抓爪顺利抓住了并未损坏的潜艇船体并开始上升——但操作到某一步时，巨大的钢爪发生了严重的故障，削掉了大部分艇身。由于许多细节仍属于保密内容，K–129 号究竟被修复了多少，现在仍不得而知。有些报告声称打捞出两枚导弹，其他报告则提到了文件和设备。唯一可以证实的是有六具前苏联船员的遗体，出于对放射性因素的担忧，他们随后被放在钢制容器内葬于海底。

打捞作业后的几个月，《纽约时报》调查记者西摩·赫什（Seymour Hersh）得知了这个故事。 美国政府假称打捞仍在进行中，如果公开会造成国际事件，从而拖延了信息公布的时间。然而休斯位于洛杉矶的办公室发生了一次失窃事件，让另一位记者注意到了此事。随后《洛杉矶时报》（*Los Angeles Times*）在 1975 年 2 月部分报道了这一行动，尽管错误百出，却仍然引起了媒体哗然。《纽约时报》也随之发表了他们所了解的事件的版本。事件被广为人知。[5]

"格罗玛行动"最有趣之处在于，它是在众目睽睽之下开展的，却没有任何人知道发生了什么。从休斯掩人耳目的故事到可下潜的驳船——这艘船就在加利福尼亚的卡特琳娜岛岸边安装就位，沙滩上所有人都看得到——再到打捞潜艇期间距探索者号不足 180 米（200 码）的前苏联船只，整个过程既在保密状态下，又是公开进行。格罗玛这种放烟幕弹、指东打西的策略，已经作为一种社会遗产延续到了日常生活的领域中。

1981 年，另一位记者哈里特·安·菲利皮（Harriet Ann Phillippi）利用《信息自由法案》（Freedom of Information）向中央情报局施压，想让他们公布更多关于这一项目以及相关掩饰工作的细节。中央情报局针对她的请求编制了一条回复——也发明了一种新的公开辞令。考虑到他们所披露的任何信息——不管是有意还是无意——都可能被前苏联敌对方利用，中央情报局一位化名为沃尔特·罗根（Walt Logan）的资深顾问写了这样一段表述："我们既不承认、也不否认相关信息的存在，但假设存在此类信息的话，这一内容将涉及机密，并且无法公开。"[6]

这个句式后来在美国法律中被称为"格罗玛回复"（Glomar response），它在肯定与否定、真与假之间创造出了第三类表述。格罗玛回复常被简写为"既不肯定也不否认"（neither confirm nor deny），或缩写为 NCND。它随后便脱离了中央情报局的掌控，越过国家安全的界线，扩散到了官方和公共用语之中。

今天，在互联网上进行一次快速搜索就能发现，"既不肯

165

定也不否定"这句话已经渗透进了当代交流中的方方面面。[7]在2017年9月的一天内,这句话就出现在有关巴西财政部长的新闻报道中(关于他竞选总统的野心)、北卡罗来纳州斯坦利郡的警长办公室(滥用911报警电话)、约翰内斯堡大学(腐败指控)、一位阿根廷守门员(转会到津巴布韦)、比亚法拉(Biafra)总统的特别顾问面对媒体及公众(恐怖分子指认)、本田摩托车(新车型)、纽约警方(校园监控)、佐治亚州司法资格委员会(当庭小便)、一名漫威漫画的编辑("神奇四侠"归来)、真人秀明星凯莉·詹娜(Kylie Jenner)的公关人员(疑似怀孕)、特务机关联邦调查局和美国证券交易委员会(关于一起金融黑客案件),等等。既不承认也不否认几乎成了下意识的反应:表示拒绝进行讨论或任何形式的披露,而且是那些我们认为能够信任的主体的默认状态(可能詹娜除外)。

也许是我们过于天真。为了当权者的利益而隐藏世界的真相,这种做法可谓历史悠久。在古埃及,每年的尼罗河洪水对农业和税收都很重要。一场"好"洪水能够灌溉两岸丰饶的土地,沉淀下丰富的营养物质,但也存在风险,威力过大的洪水可能冲毁田地和村庄,或者因水太少而造成干旱和饥荒。但在年复一年循环的基础上,古埃及的贵族与祭司们建立起了极其富有而稳定的文明,依靠他们的预知能力来判断每年洪水的发生时间和强度、可能带来的影响——以及相应的税收水平。在每年庆祝奥西里斯(Osiris)死去与重生的典礼上,祭司会主持复杂精妙的仪式来标记阿赫特(Akhet)——洪水季,并以宣布洪水到来作为结束。他们预测结果的权威性对应着造就了神权统治的权威性,但这种权威性并不是——至少并不仅是——神的才能。在神庙位于岛屿或河岸的神圣领域内，藏着一种名叫尼罗河水位计的构造：在一些深井的井壁上，标有刻度或梯级，用于丈量河水深度。这种水位计是种科学工具，如果正确读数，并与标在井壁上的几个世纪以来的数据进行对比，祭司与统治者们就能预测出河流今年的情况，从而发布相应的宣告并做好准备。水位计的功能甚至存在本身都是不为民众所知的秘密。如果被问及，古埃及祭司们毫无疑问会回答说："我们既不承认，也不否认……" 167

要将这样的情境放到现在，不妨想想密码。从 1940 年开始，美国的国家安全局（National Security Agency）、英国的政府通讯总部（Government Communications Headquarters）——无疑还有俄罗斯和中国的相应机构——都在招收刚从顶尖高校的数学系毕业、脑力处于鼎盛时期的数学家。一旦进入这些组织，他们的所有研究工作就成为机密，隐藏在大众视线之外。偶尔，他们的聪明才智也会泄漏出来。迪菲 – 赫尔曼密钥交换（Diffie‐Hellman key exchange）得名于发明它的两位数学家，首次发表于 1976 年，并形成了公钥密码学的基础，在今天的加密电子邮件和网页中应用广泛。[8] 但在 1997 年，英国政府的解密档案显示这种方法在更早时候就被独立发明出来了，发明者是英国政府通讯总部的三位数学家：詹姆斯·埃利斯（James Ellis）、克利福德·科克斯（Clifford Cocks）和马尔科姆·威廉姆森（Malcolm Williamson）。[9]

公钥密码学依赖于设计一种没有便捷计算方法的数学问题：想要在没有钥匙的情况下破解密码，所需的数学运算就会过于复杂乃至不可能完成。一种常见的加密方法是分解两个质因数。加密时将两个很大的质数相乘得到一个数字，钥匙就是这两个质数。鉴于这两个数字非常大，即使是超级计算机也需要花上几年才能解开。但这一假设中存在几个问题。其中一个非常普遍：如果每个人都使用不同的质数，因数分解就会非常强大，但事实上多数操作里都反复用到了同一个较小的质数集合，从而明显减少了问题的复杂性。安全研究者们普遍相信，由于美国国家安全局拥有大规模计算机和每年 110 亿美元的预算，它事实上已经破解了大量常用的质因数，从而能够解读数量相当可观的加密通讯。[10] 量子计算机的出现无疑还会加快这一工作，而国家安全局也在这上面投资颇巨。[11] 但更为明确的问题是：想想那数千名数学家，他们在切尔滕纳姆（Cheltenham）和米德堡（Fort Meade）的封闭大厅内秘密工作了超过 70 年。他们发明了公钥，却没有告诉任何人。谁又能说他们还没在数学中开辟出一片全新的领域——密码——并应用全新的计算方法呢？数学界曾经发生过这样的革命，而如果欧几里得、欧拉或者高斯生活在当代，他们很有可能在这些安全机构工作，而他们的发现也就会消失在秘密档案之中。

在新黑暗时代中，充满了此类隐约的可能性。如果这听上去遥不可及，只要想想中央情报局花了数十亿美金来完成历史上最深的海底打捞，还能让公众和自己的敌人毫不知情，并且它在这几十年间还在继续致力于技术创新：是中央情报局，而不是美国陆军或空军研发和制造了世界上最早的无人驾驶飞行器——"捕食者"（Predator）和"死神"（Reaper）无人机，它们将情报机构的妄想与机密第一次扩展到战场上，随后遍布整个世界，从而彻底革新了当代战争。中央情报局在工程学领域优势明显，但

168

其投资最多的却是信息技术，它把像"雷神"（Raytheon）和洛克希德·马丁（Lockheed Martin）这样的国防设备提供商换成了帕兰提尔（Palantir）之类的硅谷科技公司，而正是后者帮助中央情报局渗透到现代通讯及社交网络中。或者你应该记得在 2012 年，另一家更为秘密的机构——负责卫星监控的美国国家侦察局（National Reconnaissance Office）宣布将两架不再使用的太空望远镜捐赠给公众。美国国家航空航天局的官员随即发现，尽管这两台望远镜制造于 20 世纪 90 年代末，性能却都超过了当今最为强大的民用技术——哈勃太空望远镜。此外，它们的短焦距意味着其设计用途是为了向下看，而不是望向太空。就像一位科学记者写的那样："如果这种水平的望远镜都已经要被淘汰下来，想想他们现在在用些什么吧。"[12] 这些三个字母（缩写）的机构，以及在其他国家的对应机构，构成了这个新黑暗时代的标志。数十年来，随着它们的实力与规模的持续增长，全球历史与科学发现中数量相当巨大的一部分已经落进了机密的世界。

官方保密行为的普及深深地破坏了我们认识与理解世界的路径，因为这让我们无法了解自己的历史，也无法知道自己的真实能力。1994 年，美国政府设立了一个由两党共同参与的委员会——政府保密委员会（Commission on Government Secrecy），由丹尼尔·帕特里克·莫伊尼汉（Daniel Patrick Moynihan）议员担任主席。莫伊尼汉和他同事们的任务是检查保密工作的各个方面，从文件保密级别到忠诚审查——基本来说就是哪些人被允许知道哪些事。为期三年的调查发现，美国每年要将 40 万份新文件定为绝密，即保密等级中的最高等级，同时保有超过 15 亿页具有

25 年以上历史的涉密材料。

莫伊尼汉的最终报告里包含如下表述："保密系统完全不让美国的历史学家查阅关于美国历史的档案。最近我们发现，自己要依靠莫斯科的前苏联档案室才能知道本世纪中期华盛顿发生了什么事。"[13] 20 年后，唐纳德·特朗普发现即使自己贵为总统，他也无法说服自己的情报机构公开关于约翰·F·肯尼迪被刺杀一事的完整资料。对这段历史的讳莫如深在数十年间持续损害着美国政府与人民之间的关系。[14]

在英国，情况远比这糟糕。在经历了超过 10 年的司法论战之后，一群曾被殖民统治者折磨的肯尼亚人终于在 2011 年赢得了起诉英国政府的权利。4 名原告选自 6000 个提供证词的证人，他们都曾在 20 世纪 50 年代被监禁在集中营里，并遭受了可怕的折磨。恩迪库·穆图阿（Ndiku Mutua）和保罗·穆卡·恩济利（Paulo Muoka Nzili）被阉割；简·穆托尼·玛拉（Jane Muthoni Mara）被人用装着滚水的瓶子侵犯；温布古·瓦·宁济（Wambugu Wa Nyingi）虽然在 1959 年 3 月霍拉大屠杀（Hola Massacre）中幸存下来，但在这场屠杀中，集中营守卫打死了 11 个被羁押者，另外 77 人被打成重伤，奄奄一息。多年来英国政府一直矢口否认这些事件，也否认存在可以证实这些事件的记录，同样遭到否认的还有曾经的被殖民者在独立后向当时的压迫者提出质疑的权利。当伦敦最高法院推翻了最后一项否认理由时，政府被迫承认他们确实持有相关档案——成千上万的档案。[15]

数十年来，大量的殖民时期的文件被保存在英国境内的多个机密地点，即所谓"迁移的档案馆"，它的存在并不为历史学家所知，也被政府公务员们再三否认。英格兰中部汉斯洛普公园（Hanslope Park）的一个秘密政府研究中心存有约 120 万份文件，揭露了肯尼亚"管道"（pipeline）系统的种种细节。历史学家们将这一系统与纳粹集中营相提并论，数千男人、女人甚至孩子在审问中遭到毒打和性侵。常见的折磨技巧包括饥饿、电击、肉刑、性侵等，甚至发展到将被羁押者鞭打或焚烧至死。文件内容还包括英国在其他至少 37 个国家的殖民活动的细节，包括在马来亚紧急状态[1] 期间屠杀村民、在英属圭亚那对民主制度的系统性破坏、在亚丁军队情报刑讯中心的运作、在博茨瓦纳有计划地进行毒气试验等等。

171

"迁移的档案馆"中所包含的证据还表明，上述这些不过是这段秘史中的冰山一角，而其他史料大部分都已被销毁。除了幸存的资料——其中大部分仍未公开——还有数千份"销毁证明"：记录着已不存在的东西，证明了一个意欲模糊与消匿历史的大规模项目。在大英帝国日薄西山的最后几年，殖民地管理者接到指示去收集和保管他们能找到的所有记录，将其烧毁或全部运回伦敦。这被称为"行动遗留问题"，目的是确保能够洗白这段殖民历史。政府工作人员在 MI5 及女王护卫队的协助下，要么架起柴堆，要么在燃烧的烟尘太过明显之时，将它们装入沉重的箱子沉入海底，这样就能保护他们的秘密不被新独立的国家及其政府——或者未来的历史学家——知晓。

---

[1] 马来亚紧急状态（Malayan Emergency）：1948 年至 1960 年，马来西亚独立前后，马来亚民族解放军（MNLA）组织的反英民族解放战争，"Malayan Emergency"是英国政府对这一事件的称呼。——编辑注

即使定罪证据已经被留存了几十年，也仍不安全。直到 1993 年，有 170 箱文件作为"行动遗留问题"的一部分被空运回英国伦敦保存，并被标注为"绝密独立档案（1953—1963）"。根据残余的记录，这些文件在海军部档案馆的 52A 室中占据了 79 英尺高的货架空间，其中包括关于肯尼亚、新加坡、马来西亚、巴勒斯坦、乌干达、马耳他和其他 15 个殖民地的文件。一部分幸存的文件中提到，有关肯尼亚的相关资料里包含了关于虐待囚犯和心理战的资料。有一批资料题为《肯尼亚的情况——CO（殖民部）对巫医的使用》，上面写有这样的警告："本文件应仅由男性书记员处理和接收。"[16] 在 1992 年，也许是害怕劳动党在即将到来的大选中获得胜利后会导致新的公开，产生新的披露期，外交部下令将数千份文件运往汉斯洛普公园。在这一过程中，这些绝密的独立档案就这么凭空消失了。没有人签发销毁证明，也没有在其他档案馆里找到相关记录。按照法律，这些文件应该被移交给国家档案馆，或提出继续保密的理由，但它们仅仅是从记录中被一笔勾销了。历史学家们不得不承认，在其所记载的事件发生的 50 年后，这些仅存的记录也被销毁了，而且就在英国首都的中心地带。

在肯尼亚的暴行"让人悲愤地回忆起纳粹德国或共产主义俄国的情形"，在殖民地履职的首席检察官在 1957 年向其英国统治者这样写道。[17] 尽管如此，他还是同意撰写新法律来允许这种行为，只要能够对外保守秘密。"如果必须要犯罪，那么就让我们做得悄无声息。"他证实道。"行动遗留问题"是对成就帝国主义的暴力与高压统治的刻意隐瞒，它对历史的篡改让我们难以对大英帝国残留至今的种族主义、秘密势力和不平等进行估量。此外，它所开创的保密习惯使这种滥用行为得以延续到今天。在肯尼亚殖民地发展出的刑讯技术被改进为"五项技术"，被英国军队应用在北爱尔兰，随后又演变成中央情报局的"强化讯问"准则。1990 年，位于卡里克弗格斯（Carrickfergus）的警察档案馆被一场大火烧毁，馆中藏有关于英国军队在北爱尔兰所作所为的重要证据。而证据将大火与英国军方越来越紧密地联系在了一起。当调查者想要确认中央情报局的引渡飞机是否曾在英属迪戈加西亚岛上停留时，他们被告知飞行记录"因为被水浸坏而不完整"。[18] 很难想到一个更加可能、也更加可怕的原因：因为没能隐瞒自己对囚犯施加水刑的事实，情报机构对这信息本身也用了水刑。

回顾这段关于欺瞒的冗长叙述，不难看到我们已经在黑暗时代里生活了好一段时间，但也有迹象表明，当今发达的网络让隐藏历史罪行——也包括现在的罪行——变得越来越难。但要真正做到这点，我们不仅要能更好地识别这种混淆行为的蛛丝马迹，还要能采取行动来遏制它。从最近五年解禁的全球监控行为源源不断地揭露的内容来看，虽然我们已经认识到这类腐败行为的存在，但尚未采取有效的补救措施。

2013 年 6 月，一则关于中央情报局和英国政府通讯总部所作所为的头条新闻出现在全球各大报纸头版，引起了一场轩然大波。据报道，这两家机构与其他政府及互联网公司勾结，监视着全球几亿人，其中不乏它们的本国民众。首先被揭露的是威瑞森电

173

信[1]在美国对其1.2亿用户实施的密切监控：在他们拨打的每一个电话中，通话双方的位置、通话具体时间与所用时长都被记录下来。这些数据由通讯公司收集后递交给FBI（美国联邦调查局），再由其转交给美国国家安全局。第二天披露的是棱镜电子监听计划（PRISM operation），这一计划会收集所有经过各大互联网公司服务器的数据，包括来自微软、雅虎、谷歌、Facebook、YouTube、Skype、苹果等公司的电子邮件、文件、音视频聊天、图片和视频。一段时间后，人们发现情报机构在网络系统内触及得比这更深——他们从在世界范围内传输信息的电缆中收集原始数据。当被问及使用美国国家安全局的后台系统XKeyscore是什么感觉时，爱德华·斯诺登（Edward Snowden）回答道："你能阅读任何人的电子邮件，只要你有邮件地址。你能看到任何网站的输入、输出数据。任何有人正在操作的电脑，你都能看到它的屏幕。任何笔记本只要被跟踪，你就能追踪它在世界任何角落的移动。"19

事情已经很清楚，互联网的跨国特性意味着对它的监控没有任何限制，各个政府在监视自己的国民时都不会遇到异议；每个人对于别国来说都是外国人，然而一旦数据被收集，就是生米已成熟饭。这个吸血乌贼还在不断伸展触角：先是美国国家安全局和英国政府通讯总部，然后是"五眼联盟"（the 'Five Eyes'），即美国、英国、澳大利亚、新西兰和加拿大，接着又扩展到丹麦、法国、荷兰和挪威，成为"九眼联盟"；接下来是德国、比利时、意大利、西班牙和瑞典的加入，构成了"欧洲高层信息情

[1] 威瑞森电信（Verizon）：全美最大的电话公司和无线通信公司。——编辑注

报"（SIGINT Seniors Europe）协议，或称"十四眼联盟"——即使明知他们自己的政客、大使、贸易代表团和联合国代表都是其他人的目标，这些国家依然选择了加入。德国总理安格拉·默克尔（Angela Merkel）曾抱怨她的私人电话被窃听，而与此同时，她的联邦情报局（BND）正在不断上报关于欧洲公民、国防承包商和核心产业所获取的信息。[20] 数十亿互联网与电话使用者个人生活的每一点隐私细节都在巨大的数据池中翻搅，规模之巨超过了此前认为技术可能达到的巅峰。

有一项名为"视神经"（Optic Nerve）的计划，该计划专门以雅虎信息（Yahoo Messenger）用户的网络摄像头为目标，这款软件是大宗商品交易员和欲火中烧的年轻人中最为流行的视频聊天工具。在每一次通话中，每隔 5 分钟就会有一帧截图被保存——这是通过一项为"遵守人权法规"的原则而施加的限制——并通过人脸识别软件来确认通话者的身份。由于其中大量数据都含有"不良裸露"，英国政府通讯总部不得不对数据进行额外控制，以免其雇员受到影响。[21] 另一个浮出水面的事件是：美国国家安全局的雇工们经常搜索并截获他们的配偶、情人、前任、倾慕对象的电子邮件和短信，这种行为比比皆是，因而得到了个玩笑般的代号——"爱情报"（LOVEINT），而这也说明此类系统有多么容易进入。[22] 还有些代号显示出其创造者的意图和黑色幽默。"雷金"（Regin）是一款用于入侵比利时和中东电信系统的恶意软件，其中包括很多以板球为主题的代码，如"内旋球""威尔斯阻截"，后者应该是指英国快投手鲍勃·威尔斯（Bob Willis）。[23] 英国政府通讯总部另一项用于获取 IP（网站访问者网

际协议）地址的行动代号为"报应警察"（KARMA POLICE），
显然是来自"收音机头"（Radiohead）的同名歌曲，其中有这样
一句歌词："当你跟我们搞事情，这就是你的报应。"[24]

诸如此类的故事持续传播了好几个月，晦涩的科技术语变
成了常识，粗制滥造的幻灯片烙印在数百万人的记忆里。代码
组合在一起，像是一首不祥的诗：颤颤（TEMPORA）、肌肉
（MUSCULAR）、神秘（MYSTIC）、奉承（BLARNEY）和无
穷的告密者（BOUNDLESS INFORMANT）；爱打听的蓝精灵
（NOSEY SMURF）、隐匿的水獭（HIDDEN OTTER）、蜷缩的
松鼠（CROUCHING SQUIRREL）、长胡须的小猪（BEARDED
PIGGY）和尖叫的海豚（SQUEAKY DOLPHIN）。最终，这一无
穷无尽的名单模糊了这样一个事实：全球监控系统并不会退回到
其组成部分的水平。正如爱德华·斯诺登在写给纪录片制作人劳
拉·珀特阿斯（Laura Poitras）的第一封电子邮件中所说："要知
道，你每次跨越国界、每次购买商品、每打一个电话、每经过一
座信号塔，你交往的朋友、写下的文章、访问的站点、打下的标
题、发送的信息，都在一个系统的掌握之中。它的触角并无限制，
但它的防护措施却很有限。"[25] 但揭秘事件的几年之后，最令人
惊诧的不是这些系统的规模有多么大，而是它们其实是那么的明
显，并且被监视的现状几年来毫无改观。

这种对市民通讯进行技术协同监听的行为至少在 1967 年就
已为人所知。当时，一个名叫罗伯特·罗森（Robert Lawson）的
电报员走进伦敦《每日快报》（*Daily Express*）的办公室，告诉
调查记者查普曼·平彻（Chapman Pincher），每一封到达或离开

英国的电报都会进入一辆公共建筑和工程部（Ministry of Public Buildings and Works）的卡车，它每天收集一次，然后送入一栋属于海军部的大楼接受检查，最后才被送回去。第二天的报纸上就刊载了这一报道，并说明电报监听只是一个庞大行动的一小部分，这一行动还涉及窃听电话和私拆信件。当时公众甚至还不知道英国政府通讯总部的存在，政府对这一事件的调查委员会确认了报道的准确性，并宣布废除了一系列具有误导性的官方声明，但即便如此，这一事件还是很快淡出了公众的视线。

在 2005 年——比斯诺登的揭发还早 8 年——《纽约时报》指出自从 9·11 事件发生后，美国国家安全局就被总统乔治·W·布什赋予了强大而隐秘的力量，可以在未经许可的情形下监控美国的通讯。[26] 文章揭露了一个代号为"恒星风"（Stellar Wind）的计划，其内容是建立一个巨大的美国居民通信数据库，包括电子邮件通讯、电话交谈、金融交易和网络活动。前美国国家安全局分析员威廉·宾尼（William Binney）在报道中证实了这一计划涉及的范围非常之广，随后这个计划遭到了媒体的攻击，因为它明显超出了宪法的保护范围。随后美国国家安全局被发现其行为与总统授权相抵触，他们不仅在窃听涉及外国人的通讯内容，还在收集所有它能接触到的通讯数据，这一计划随即成为了政府内部骚乱的源头。但白宫的反应却只是给这一计划换了个名称，并重新作了授权。在随后几年中，宾尼持续对这一计划发出抗议，但直到 2012 年，《连线》杂志刊登了一篇关于美国国家安全局在犹他州建设新的大型数据中心的报道，表明"恒星风"计划仍在进行，该报道在描述其能力时引用的依然是宾尼的话。[27]

2006 年 5 月，AT&T（美国电话电报公司）一名叫做马克·克莱因（Mark Klein）的职员揭露了一个事实：国家安全局具有监控海量通讯数据的能力。2002 年，他曾遇到一名前来为一个特殊项目征募 AT&T 管理层的国家安全局特工；第二年他在旧金山最大的电话局里发现了一个密室，紧邻着用于发送公共电话通话的机器，只有国家安全局招募的技术人员才能入内。克莱因随后被分配到电话局的另一个房间工作，这里是为一家名为世界网络（Worldnet）的公司处理网络流量的地方。克莱因的工作包括将光纤电缆分成不同线路，并发送到那个秘密房间中去。这些特定线路是用于将世界网络的用户与互联网的其他部分相连，而通过与 AT&T 其他员工交流，他得知其他城市的电话局中也有类似的分离室。在每个地方，分离出来的线路都被接入一台名为纳拉斯洞察（NarusInsight）的"语义分析"机中，这个机器会从大量信息中筛选出事先设定的词汇或短语。[28] 这种"获取"规模强烈暗示着美国国家安全局不仅在监控外国通讯，而且对国内通讯数据也一视同仁。基于克莱因提供的证据，电子前线基金会（Electronic Frontier Foundation）发起了一项针对 AT&T 的诉讼，就上述情况进行了指控。但随着这一事件成为重大新闻，美国政府封锁了诉讼，并迅速通过了一项可追溯的法律来保护这家公司免于司法诉讼。

就算没有人出来揭露，为什么就没人自己看看呢？此类黑色预算的规模显而易见，人人都能发现：为冷战而建造的监听站还在嗡嗡作响，甚至有所扩张；大片天线和卫星圆盘在谷歌地图上就有显示，坐落于海底电缆伸入陆地的白色悬崖中。英国政府通

讯总部甚至还有自己的工会——直到 1984 年玛格丽特·撒切尔
（Margaret Thatcher）在一场 20 世纪最长的劳工争议中将其取缔。
对于情报机构强大能力的讨论仍然是情报学研究者的保留项目以
及阴谋论的常见素材，我们在下一章中将对此有所讨论。

178

直到 2013 年爱德华·斯诺登公开了相关文档，才让民众真
正陷入严重的猜疑恐惧。为什么会这样？原因仍待争论，或许是
其涉及的规模庞大，而且有很强的直观感和故事性。它不断地进
入我们的视野，日复一日，带着五花八门的行话、荒唐搞笑的计
划代号和辣人眼睛的幻灯片，就好像在和撒旦本人开一场永无尽
头的营销会议，这才超出了我们能够视而不见的范围。或许是斯
诺登自己的故事能强烈地抓人眼球：他在香港的突然出现，接着
又飞往俄罗斯，我们正需要这样一个年轻的、捉摸不定的故事主
角。斯诺登的揭露也是第一次将已知的美国国家安全局和英国政
府通讯总部的计划联系起来——表明它们在行动上的互相勾结所
形成的全球监视网让每个人都成为目标，没有人能因自己的政府
先进优越而受到保护。

然而，仍然没有人行动。在美国，关于停止未经授权的窃
听行为和情报机构不加区分的数据收集行为的提案会遭到参众
两院的共同否决，就像《阿玛什－科尼尔斯修正案》（Amash-
Conyers Amendment）那样，而其他议案还滞留在委员会审议阶
段。《美国自由法案》（USA FREEDOM Act）——原名为《保
障人权、停止窃听、数据收集和网络监控，团结振兴美国法案》
（Uniting and Strengthening America by Fulfilling Rights and Ending
Eavesdropping, Dragnet-collection and Online Monitoring Act）——

在 2015 年 6 月 2 日正式通过立法，相当于恢复了前一天刚刚到期的《爱国法案》（Patriot Act）。虽然被标榜为对斯诺登揭秘事件的法规层面的响应，但这一法案事实上保留了美国国家安全局的大部分权力，包括无限制地收集元数据——通讯中除了内容以外的所有细节数据，而内容也很容易通过一次秘密传唤来获取。在任何情况下，一则总统令就可以随时推翻这一法案，就像它此前的几个版本在 9·11 之后几年里所遭遇的一样，而跨国监控行为则完全没被触及。一项自诞生之日就在系统化地、隐秘地破坏法律的行为，就不可能通过更多立法来纠正。英国政府无论是在曝光前还是曝光后，都从未通过一项防止英国政府通讯总部监视本国居民的法律，反而满足于给报道这一事件的报纸发送越来越严格的审查要求，即所谓"防务通告"（D-Notices）。在面对持续的全球反恐战争和力量强大到无法想象的产业化情报综合体时，世界上其他人也只能徒劳地提抗议。

从根本上说，公众并没有什么欲望想要反抗情报机构荒谬而不知满足的要求。这种意愿在 2013 年曾短暂地高涨了一阵，但很快又回落了，随着事件一点一滴的揭露，也因为恐惧感过于巨大，很快被消磨殆尽。我们并不是真的想知道那些密室里、那些城市中心没有窗户的建筑中究竟是什么，因为答案永远都是坏的。和气候变化的概念相似，大规模监视也证明过于庞大，过于不稳定，以至于全社会都不愿真正去正视它。就像人们会尴尬地聊起天气，半开玩笑半带恐惧，这也不过变成了每个人日常生活之余对猜疑和恐惧的几句抱怨罢了。想想气候变化是如何毁掉了天气，让它哪怕在风和日丽时也成为一种潜在的威胁。再想想大规模监视是如何毁掉了电话、邮件、相机乃至枕边密语，它用黑色脓水裹住了我们每天触碰的事物，它的影响已经深入到我们的日常生活。如此一来，还是将它列入我们彼此默许不要再提及的清单里，日子会更好过些。

这实在令人遗憾，因为关于大规模监视——事实上，是关于任何监视、任何被当成证据的图像，都还有很多需要思考和讨论的地方。全球性的大规模监视依赖于政府的保密工作和技术的不透明性，而这两者又相互促进。在监视敌人的同时，政府也总是在监视自己的人民，随着计算机遍及每家每户、每条街道，进入我们的工作场所乃至我们的口袋，网络与处理能力极大地提升了他们窃听生活中每一时刻的能力。政治需求滋养了技术可能性，因为没有政客想在发生暴行或有什么事被曝光后被指责不作为。之所以实施监视，不是因为它们有效，而是因为它们能够被实施；同时，就像应用其他自动化手段一样，是因为能够推卸责任、让机器来背黑锅——搜集所有信息，然后让机器来挑拣吧。

在 2016 年提交给英国议会委员会的证词中，前文所提到这位美国国家安全局的揭发者威廉·宾尼断言，情报机构所收集的大量数据中"99% 是无用的"。他给出的理由是，庞大的信息量会使分析员难以应对，从而不可能挑选出与特定威胁相关的数据。这种警告在此前也已被多次提出，但其可能的结果却并未得到重视——实际上，情况还愈演愈烈。2009 年圣诞节发生了一起针对阿姆斯特丹飞往底特律航班的爆炸未遂事件，随后奥巴马总统本人也承认情报过多是个问题："这次反恐行动失败并不是因为收集不到情报，（而是）没能对已有情报进行整合与解读。"[29] 一位法国反恐官员对此评论道："我们刚刚克服了对美国情报收集能力的广度与深度的羡慕与敬畏，就开始感到庆幸，不必去处理由此带来的不可能处理得过来的信息量。" [30]

在美国的无人机项目中，同样存在庞大监控数据造成的运算过量问题，因而这些项目多年来受困于难以进行分析和解读的处境。随着无人机数量的增长、续航时间的增加，再加上所携带的照相机的分辨率与带宽提升，数据量以指数级的速度超出了我们的监控能力。早在2010年，美国空军的一位指挥官就曾发出警告，我们很快就会"在传感器里游泳，在数据里淹死"。[31] 即使是对于最先进的信息处理机构来说，更多信息也并不对应着更深的理解，相反还会造成混淆与遮掩，成为增加复杂性的推手：与天气预报问题类似，这也是一场军备竞赛，运算拼命想要跑赢时间。就像威廉·宾尼在英国议会的证词中所说的："按照目前的方法，结果会是人先死了，然后等历史记录在有朝一日提供出关于凶手（那时可能也已过世）的信息。" [32]

在很多层面上，大规模监视都起不到什么作用。研究已反复证明，大规模监视能为反恐部门提供的信息少之又少。2013年，白宫情报及信息技术审查小组称大规模监视"对预防袭击并非关键"，他们发现大多数线索都是来自传统调查技术，比如线人或对可疑活动的报告。[33] 9·11恐怖袭击触发了各种监控项目的开展，新美国基金会（New American Foundation）在其2014年的另一篇报告中复述了关于此类项目成功实施的政府声明，并称其"言过其实，甚至具有误导性"。[34]

而在该领域的另一端，有分析表明在公共场合部署闭路电视和全球监视一样无效。它价格昂贵，分散了本可用于同一问题的其他解决途径的资金与注意力，而且还见效甚微。人们通常认为它会对犯罪形成震慑，但事实并非如此。本世纪初，旧金山曾安装了数百个监控摄像头，并发现在摄像头周围 250 英尺内的犯罪数量有所减少，但却在下一个 250 英尺中形成峰值。人们不过挪了个位置，然后继续互相残杀。[35] 和全球性的监视一样，闭路电视的作用只是提高了猜疑的背景杂音，助长了对犯罪与操纵的恐惧，却不能解决这些问题本身。闭路电视与大规模监视都是追溯性与惩罚性的：或许能够获得更多情报，将更多人关进监狱，但只有等到犯下罪行之时。重要的是事件已经发生，而背后的原因却往往受到忽视。

182

鉴于这种监视方式的有效性，我们不得不反思自己在反抗权利滥用上的策略。把问题摆在聚光灯下是否真的有用？增加照明长期以来就是安保举措中的必备项目，但在城市街道安装路灯后，有时候犯罪率会下降，但有时也有同样频率的上升。[36] 灯光可能令犯罪分子更为大胆，而对受害人也是如此：当所有事物都被照亮，恶棍看起来也没那么可疑，而且那些恶棍还能知道何时会四下无人。明亮的灯光让人感觉更加安全，但却不会真的让人更加安全。[37]

曝光情报机构最黑暗的行径并没有形成对他们的约束，只不过是安抚了民众，同时将这些行径合法化。那些活动原本发生在模糊、不受承认的灰色地带，现在却被编进了法律，而且是以不利于我们的方式。

斯诺登的揭发激起了针对大规模监视的争议，当我们为这视觉冲击力拍手叫好时，也要想到正是由于这种观赏性，让我们无暇顾及它背后的机制及其顽固性。如果我们一方面争辩说，监视会败于它对表象而非实质理解的依赖以及它对一面之词的信任，又怎能同时在另一方面认为，以相同的监视方式来反抗它反而会取得胜利呢？但这正是我们所做的。我们反对保密，坚持要求透明。我们对清楚、公开的要求看似与模糊、保密相反，但实际上却遵从着同一逻辑。照这样分析，美国国家安全局和"维基解密"只是立场不同，却有着一致的世界观。双方都相信在世界中心隐藏着某个秘密，如果能将其揭开，就会万事大吉。"维基解密"希望让一切都透明公开，而美国国家安全局则只想揭开某些人——它的敌人们——的秘密；但两者都在按照同一套行为哲学运转。

"维基解密"的初衷并不是想成为美国国家安全局的某种镜像，而是要破坏这整个机构。在 2006 年"维基解密"刚刚创立的时候，朱利安·阿桑奇（Julian Assange）就写过一篇关于政府阴谋系统以及如何攻击它们的分析文章，题为《以阴谋统治》（*Conspiracy as Governance*）。对于阿桑奇来说，所有专制体系都是阴谋，因为它们的权力都依赖于对民众保守秘密。泄密会削弱它们的权力，并非因为所泄漏的内容，而是因为从内部滋长的恐惧与猜疑会削减这一体系进行密谋的能力。具有破坏力的是泄密行为本身，而不是某次泄密所曝光的具体内容。[38] 随着"维基解密"进入公众的视野，阿桑奇本人也越来越有权势，越来越傲慢，这一组织卷入了与情报机构的一系列斗争之中，并最终成为国家间互相攻击的工具。原先的认识丧失殆尽，取而代之的是错误地相信了"证据确凿"的力量，以为仅凭单一信源或者一点证据就能扳倒当权者。

"证据确凿"的问题困扰着所有依靠揭露来影响民意的策略。早在被斯诺登揭发之前，这些情报机构的活动就可以通过几十年间的许多报道推断出来，那么同样的，其他暴行也会被一直忽视，直到有一系列见于档案的真相被公之于众。卡罗琳·埃尔金斯（Caroline Elkins）在 2005 年出版了一本书，对英国在肯尼亚的暴行进行了详尽记录，但这本著作却因大篇幅依赖口述历史和目击者的叙述而饱受批评。[39] 直到英国政府自己公开的档案证实了这些记录，它们才得到认可，并成为获得承认的历史。受难者的证词遭到冷遇，直至它们符合了压迫者所提供的档案——正如我们所看到的，这些证据将不会用于其他指控大部分其他罪行。同样的，对揭秘者的崇拜依赖于那些已经为情报机构工作的人变化不定的良心，而机构以外的人们却缺少相关能力，只能无助地等着哪位政府公仆屈尊透露些他们知道的消息。这种对道德行为的依赖显然根基薄弱。

正如巨大的运算能力推动了全球监视的实施，它也以同一逻辑决定了我们如何应对此事，以及如何应对威胁到我们认知与现实福祉的存在。我们需要一个能让我们百分之百确定某一假设的证据，这种需求超过了我们在当下的行动能力。只要面对哪怕最小一点不确定性，也会令人忘记已有的共识（比如科学上对气候危机的紧迫程度具有的一致意见）。我们发现自己陷于停滞之中，要求"芝诺之箭"（Zeno's arrow）必须击中目标，而不顾在它前方的空气已越来越炙热模糊。坚持要求在某些永远无法充分证明的地方取得实证，这造成了眼下的古怪状况：所有人都知道发生了什么，却没人能对此有所行动。

如果信赖通过监视就能获得世界真相的运算逻辑，就会将我们自己置于根本上自相矛盾的危险境地。运算式的认知需要监视，是因为它只能通过自己直接可得的数据来推导出真相。反过来说，如果所有认知都坍缩成为运算上可识别的事物，那么所有认知都将成为一种监视。运算逻辑否定了我们审时度势的能力——在面对不确定时理性行动的能力。它完全是被动的反应，只有当搜集到充足证据时才允许行动，而在当下最需要动作的时候却禁止行动。

监视行为以及我们在其中的共谋，构成了新黑暗时代的一个基本特征，因为它遵循着某种盲目性：照亮所有事物，却什么都看不到。我们开始相信只要给问题打上灯光，就等于是在对它进行思考，就能对它产生影响。但运算带来的光亮反而容易让我们虚弱无力——不是因为信息过载，就是因为虚假的安全感。运算式思维的诱人力量向我们兜售的不过是个谎言。

来看一个来自网络的案例。2016 年 5 月前的某天，加拿大亚伯达省麦克默里堡的居民詹姆斯·奥莱利（James O'Reilly）在家中安装了一套加那利（Canary）安防系统。加那利的产品套装和谷歌家居（Google's Home）所提供的一样，都体现了监视的逻辑与运算式思维：一系列摄像头、感应器、警报器——彼此连接并接入互联网——提供对家庭整体环境的实时了解，通过无所不见的机器的帮助，确保家庭安全与内心安定。

2016 年 5 月 1 日，麦克默里堡西南方的针叶林中燃起了一场野火，并随着强风蔓延到了城镇中。5 月 3 日，政府发布了强制疏散令，88000 人离乡背井，包括奥莱利在内。在他驾车离开的同时，他的苹果手机收到了家庭安全系统发来的通知，并开始实时接收视频，随后这段视频也被传到了 YouTube 网站上。[40]

视频开始时显示的是奥莱利家客厅的镜头，台灯还开着，鱼缸里也亮着灯，里面的金鱼还在游动。窗外的树木被大风吹得摇摇晃晃，但似乎还没出现什么麻烦。接下来的几分钟里，开始有阴影贴在门上，逐渐能分辨出那是翻腾的烟雾。又过了一分钟，窗子变成了黑色，窗栅栏也是。火苗先是蔓延到窗帘上，接着是窗子本身。烟雾涌进了房间，画面逐渐变得模糊。摄像头切换成了黑白的夜间模式。在渐深的黑暗中，警报声断断续续地响着，最后也没了声音，唯一能听到的只剩下火焰的噼啪声。

这是个噩梦般的场景，却似乎正描绘出新黑暗时代的情况。我们的视野变得更加包罗万物，但我们的力量却在削减。我们对世界知道得越来越多，能做的却越来越少。随之而来的无助感非但没有让我们停下来重新想想最初的预设，反而将我们推入更深的恐惧、猜疑和分崩离析：更多监视，更多猜忌，对以影像与运算改变处境的能力持有更强的执念，而这种能力正是来自我们对其权威毫无质疑的信仰。

监视是没有用的，正义的曝光也没有用。没有哪方能够总结陈词，也没有明确的说法能安抚我们的良心，或是让我们的敌人改变心意。没有确凿证据，没有完全的证实或清楚的否认。比起某个官僚大意之下说出的确定言辞，"格罗玛回复"才是我们能提出的对世界最真实的描述。

186

第八章

阴谋
CONSPIRACY

在约瑟夫·海勒（Joseph Heller）的小说《第二十二条军规》
（*Catch-22*）中，美国空军第 256 中队的飞行员们发现自己陷入
了一种不可能发生的境地中。战争正处于白热化状态，意大利上
空发生密集战斗。每一次他们爬进座舱时都冒着被击落的危险，
只有疯子才会去选择执行更多飞行任务，而理性的选择是拒绝飞
行。要免于执行飞行任务，他们必须说明自己是疯子，但他们一
旦这么做就等于宣告了自己的理智，因为他们在尝试逃避飞行。
一名飞行员"要疯了才会去执行更多飞行任务，而理智的飞行员
则不会；但如果他是理智的，那他就必须执行。而如果他去执行
了任务，说明他疯了，因而不必飞行，但如果他不想去，说明他
是理智的，因而必须飞行……"[1]

《第二十二条军规》放大了理性之人在庞大的非理性系统的
构陷下所落入的困境。在这样的系统中，即使是理性的应对也会

造成非理性的结果。个体可以意识到这种荒谬性，却完全丧失了为自己的利益而行动的能力。面对着翻涌的信息浪潮，我们试图通过讲述关于世界的故事来获得对它的某种控制：以表述来征服世界。这种表述的本质就是简化，因此没有一个故事可以解释所有正在发生的事；故事太简单，而世界太复杂。但人们并未接受这点，反而将故事变得更加复杂、演绎出更多分支，变得更加晦涩难懂、结局不明。因此网络时代的偏执会产生一种自我加强的循环：我们越来越难以理解复杂的世界，因此需要越来越多的信息，而这又进一步蒙蔽了我们的认知——为了揭示更多必须加以解释的复杂事物，就要使用更为繁复的理论。增加信息不会让结果更加清晰，反而使其混乱。

在 1970 年的电影版《第二十二条军规》中，由艾伦·阿金（Alan Arkin）饰演的空军上尉约翰·约瑟连（John Yossarian）说出了这句不朽的台词："就算你有妄想症，也不等于他们没在跟踪你。"在今天由技术进步和大规模监视所形成的阴谋惊悚片般的世界里，约瑟连的这句格言获得了新的生命。在临床上，妄想症的第一个症状就是相信自己在被人监视；但这种妄念现在却变得正常合理。我们发出的每一封邮件、敲出的每一条即时信息、接通的每一个电话、进行的每一次旅行，甚至每一步、每次呼吸、每个梦、每句话，都是庞大的自动情报搜集系统的目标，是社交网站与垃圾邮件制造者的分类算法的目标，是我们自己的智能手机与互联设备永不休眠地注视的目标。那么现在，谁才是妄想症患者？

时间回到 2014 年 11 月的一天，我站在英国汉普郡法恩伯勒

（Farnborough）附近田野的一条辅道上。当时我正在等一架飞机飞过头顶。我不知道它何时起飞，甚至是否会起飞。我的汽车引擎盖上放着一部摄像机，已经对着空荡荡的天空拍摄了好几个小时；每过 30 分钟左右我就会把内存卡清空，从头开始拍摄。天高云淡，倏忽飘散。

我在等的是三架兰斯 – 赛斯纳（Reims–Cessna）F406 飞行器中的一架。法恩伯勒机场是它们的基地，也是著名的飞行表演之乡、1908 年英国首次动力飞行的所在地。1904 年，皇家航空研究院（The Royal Aircraft Establishment）就是在此地建立——当时称为"部队热气球工厂"（Army Balloon Factory）——先是研发、建造飞艇，后来则是英国军队的飞机。航空事故调查局（Air Accidents Investigations Branch）位于跑道以南的飞机库中，这个机构通过重新组装起坠毁飞行器的碎片来拼凑还原出它们坠毁前的情境。因此这里是飞机迷们——比如我——的圣城，也是独裁统治者和外国皇室最中意的停机坪，他们往往乘坐未加标志的私人飞机，在一号跑道上滑行降落。

赛斯纳不是喷气式飞机，而是小型双发涡轮螺旋桨式飞机，设计用途为民用或军用监视，尤其受海岸警卫队和航空测量公司的青睐。在一个夏日的午后，这三架驻扎在法恩伯勒的飞机第一次引起我的注意，我正好看见它们中的一架在怀恩岛（Isle of Wight）上空密集盘旋，持续了好几个小时。我那时在航班追踪（FlightRadar24）网站上花了很多时间，起初是想寻找一些半夜起飞的秘密包机，这些飞机负责运送那些寻求政府庇护但遭到拒绝的人出境。[2] 但慢慢地，我开始迷上了那些从天而降的庞大数

189

据财富以及飞机航路在英国南部画出的复杂图形。不管什么时候，这儿都聚集着上千架大大小小的飞机，有的快速掠过，有的徐徐盘旋，穿越这片极其拥挤的空域——全世界最繁忙的空域之一。在长途喷气式客机与廉价城际班机之中，夹杂着教练机和军事运输机——有时候还有政府希望隐藏起来的航班。

要说英国政府在民众耳目之外隐藏了多少东西，没几个人能比调查记者杜肯·坎贝尔（Duncan Campbell）更清楚，他也是在1976年第一个对英国政府通讯总部进行公开报道的人。1978年，政府以违反《官方保密法》（Official Secrets Act）的罪名起诉坎贝尔和他的同事克里斯宾·奥布里（Crispin Aubrey）（也是一名记者）、约翰·贝里（John Berry）（一位前情报人员）。[3] 这场历经数月的官司被称为 ABC 审判，结果显示，他们报道中所用的几乎都是已公开的信息。"世上没有秘密，只有懒于调查的人。"一位效力于情报机构的历史学家理查德·奥德里奇（Richard Aldrich）在对这场审判的记录中如是说。[4] 2010年，坎贝尔在《新政治家周刊》（*New Statesman*）上为奥德里奇关于英国政府通讯总部的著作撰写书评，他写道：

（英国政府通讯总部在康沃尔郡布德镇设立的分部）是英语国家联盟"梯队"计划（Project Echelon）的开始，奥德里奇认为这可以类比为今天的谷歌警报系统（Google Alert System），后者会持续扫描互联网，获取所有新增内容。这个比喻是挺巧妙，但却忽略了一个关键的差异。谷歌虽然也常常越界，但它所收集的都是公共领域的内容。而情报信息所搜查存储的都是完全私人的通讯领域，他们最多拥有可疑的授权，但肯定不会负任何责任。

正当你阅读这段文字时，伦敦东部很可能就有一架情报信息收集机盘旋在加那利码头（Canary Wharf）上空约10,000 英尺处，从首都的移动网络中汲取信息，据说是为了将区域内的手机通话与英国境内一名经塔利班训练、持有炸弹的恐怖分子进行语音匹配。如果此类活动能够有效抓捕那些企图在城市街头作恶的人，那似乎还挺不错。但又要如何保护其他成百上千被窃听了通话内容的人不会遭受不当行为的伤害和错误的对待，甚至更糟的事情呢？ 5

以下，以及其他一些零星线索，就是我在开始查找关于盘旋在怀恩岛上空的赛斯纳的信息后所获得的。G-INFO 是可供公开访问的英国注册飞行器数据库，我在上面发现其中有两架飞机属于诺尔航空（Nor Aviation），一家神秘的公司，地址在瑟比顿（Surbiton）的一间邮政通（Mail Boxes Etc.）商店中，离机场只有几英里远。第三架属于诺尔航空的赛斯纳飞机也注册在这个匿名地址，而第四架则注册在英国航空租赁（Aero Lease UK）名下，地址就在法恩伯勒的邮政通商店里，这架飞机在本布里奇（Bembridge）和布莱克刚（Blackgang）也进行过同样的低空飞行。这几架飞机所有者的名字和都会区警察局的几位前任及现任警官的名字一模一样，这桩怪事在 1995 年的一篇报纸新闻中得到了证实，该报道详细叙述了一桩长达十年的舞弊案，犯案者是都会区警察局的前任会计安东尼·威廉姆斯（Anthony Williams）。 6

191

威廉姆斯当时的任务是为都会区警察局的秘密空中力量设立挂名公司，但他却将大部分经费——9 年间约 500 万英镑——都转进了自己的银行账户，随后用于购买托明多尔（Tomintoul）的大片苏格兰农庄以及"切恩赛德的威廉姆斯领主"这一称号。

我试图在飞行员与飞机爱好者论坛上找出关于这些飞机的详细信息，但却因为英国人常见的顺从权威的态度而屡受挫折：那些贴出飞机信息的人被其他用户要求离开，法恩伯勒飞机爱好者群组管理员禁止所有涉及机尾号的内容。这并不奇怪，之前我就因调查用于驱逐出境的航班而被好几个论坛毫不客气地禁言了。我被告知："我们只对飞机感兴趣，而不是飞机上的人。"或者说——在这种秘密的警察飞机编队对普通民众的手机通话进行毫无法律依据的全面监控的情况下——他们甚至对飞机都不感兴趣，尽管航空摄影爱好者网站上遍布这些飞机的照片。（我也怀疑，当我天真地向都会区警察局申请对他们的空中力量进行信息公开时，如同上一章中所提到的，正是这些飞行器的存在坚定了他们保守秘密的决心。）

就是这样，我才来到汉普郡的旷野上。几个小时后，响起了类似割草机的刺耳声音，紧接着出现了一架双引擎的小飞机，机翼下方的注册编码清晰可见。待它消失在地平线后片刻，航班追踪网站上便弹出了信息，显示飞机朝西南方飞去。我在手机上观察了它一个小时，看着它和往常一样在南部海岸上空中度海拔的位置盘旋，然后调头朝我这边飞。在起飞后约 90 分钟，它又回到了法恩伯勒。而我还是不知道他们在那儿做些什么。之后我要写一个小程序，从网站上扒下这三架飞机的所有飞行记录，还有

192

其他的飞机的——凌晨三点从斯坦斯特德机场（Stansted Airport）起飞的遣送出境航班、中央情报局在洛杉矶与波士顿上空不引人注意的短途飞行；MI5 的艾兰德（Islander）飞机在北极高海拔位置的潜伏，等等。来自天空的数据洪流频率之高让我应接不暇，而我也不知道能拿它们做什么。直到 2016 年的某个日子，这些飞机停止了起飞后的位置广播。

当我在机场边等候时，另一辆车停了下来——从后车窗上贴的执照来看是一辆小型出租车。这条辅路紧邻 A325 号公路，是出租车等候乘客的好地方。司机从车上下来时，我抓住机会上去借了个火，我们一起抽了支烟。他留意到我的无线电和望远镜，于是我们聊了聊飞机，然后不可避免地聊到了化学尾迹（chemtrails）。

"它们和以前不一样了，是吧，那些云？"出租车司机说。这话似曾相识。登陆 YouTube 网站，你就能找到数不清的视频以愤怒的语调细数着天空的变化以及造成这种变化的飞机。我在网上搜索用于记录手机通话的飞机时，很多搜索结果并不是关于监听，而是关于秘密基因工程：用飞机喷洒化学物质来控制大气。

有些怪事正在发生。在高度互联、数据泛滥的今天，大众认知产生了分歧。我们都望向同一片天空，却在看着不同的东西。我看到的是被掩盖的遣返出境信息和秘密的监听机，支持性材料包括飞行日志、广播式自动相关监察数据、新闻报道和基于《信息自由法案》的信息公开请求，而他们看到的却是怀着幼稚或邪恶的目的而试图改变大气、控制精神、奴役人民、调整气候的全球性阴谋。在含有相当浓度二氧化碳——一种让地球变暖、让人

193 变得更加麻木的气体——的大气中，许多人相信被倾洒在我们头上的并不只是温室气体。

化学尾迹的说法已经流传了一段时间，至少从 20 世纪 90 年代就开始了。根据阴谋论所称，美国空军就是在那时不小心吐露了他们的真实意图。在一篇题为《以天气为助力：控制 2025 年的天气》（"Weather as a Force Multiplier: Owning the Weather in 2025"）的报告中，空军的一个研究组提出了一系列措施，让美国空军可利用天气调节来获得"难以想象的战场优势"，包括引发或阻止雨雪天气、控制雷暴，用微波束有选择地激发电离层来增强或减弱无线通信。[7] 虽然对天气的调节已经有很长历史，但直到预测气象学、军事研究和新出现的互联网之间相互结合后，才让化学尾迹的说法开始病毒式传播——或许是第一个真正的网络民间传说。

在网络论坛和热线节目的推波助澜下，关于飞机在上层大气中故意喷洒化学物质的说法每过几年就广泛流传，甚至全球皆知。议会上有人抛出质疑，对国家科学组织的询问洪水般涌来，大气科学家在会议中被喝倒彩。在网络视频摇摇晃晃的镜头中，蓝天在烟雾笼罩下黯淡无光，飞机尾部留下一道黑烟，并扩散开来。人们成群聚集在论坛和 Facebook 群组中，交换着传闻和图片。

化学尾迹理论是多面的，犹如九头蛇一般，它的信徒相信的是同一个理论的零碎版本。对有些人来说，这些商用机、军用机和神秘的飞行器所喷洒的化学物质是一个涉及广泛的太阳辐射管理计划的一部分：制造云层来减少阳光，从而延缓——或者加速——全球变暖进程，并且飞机所用的化学物质会导致癌症、阿兹海默综合征、皮肤病和畸形。全球变暖或许就是个谎言，或者是某种神秘力量统治地球的阴谋。还有人相信这些化学物质是要将人们变成丧失心智的奴隶，或为了医药行业的利益而让他们生病。隐秘的基因工程、气候变化否认论以及新世界秩序一起搅和在网上的各种假消息、自拍视频、声明与揭露、蔓延性的怀疑论中。

化学尾迹成了其他阴谋的漩涡中心，把所有东西都吸入自己的轨道。一个 YouTube 用户可能以"平坦地球迷"（Flat Earth Addict）为用户名，在一个用蒙太奇手法拍摄的视频中，用纵横交错的飞机轨迹云在郊区的蓝天上打出几个大字："夺回权力：投票脱欧"。[8] 根据这种说法，隐秘的气候工程是欧盟用来镇压民众意愿的项目。在几天后，英国当真投票脱离欧盟的第二天早晨，脱欧派的实际领袖奈杰尔·法拉奇（Nigel Farage）在全国电视上亮相。"太阳在独立的英国上空升起，"他说，"看吧，连天气都变好了。"[9]

化学尾迹无处不在，这很像蒂莫西·莫顿对气候变化本身作出的"超物体"式解读：这东西犹如附骨之疽，渗入生活的各个方面，就像记者凯里·邓恩（Carey Dunne）在加利福尼亚与化学尾迹阴谋论者共处一个月后所描述的："我真希望不要知道，因为一旦我知道了，就会真心觉得悲哀。"[10] 阴谋论将我们感受到的、潜藏在世上又无法言说的恐惧用字面意思表达了。

邓恩原本对有机农场上田园牧歌式的工作机会充满热情，直到她通过 Facebook 发现自己的雇主——一群嬉皮士式的回归田园派人物（hippyish back-to-the-landers）其实是当地一个化学尾迹阴谋论社群的信徒，以及唐纳德·特朗普一条被篡改过的推文，声称他的执政将终结化学尾迹，这种热情一下子变了味儿：

195

> 像我这样的人怎么会知道什么是真、什么是假呢？"塔米说，"我54岁了。我不看电视新闻，不听收音机。当我上网看到什么东西让我觉得'天呐，真的吗？'"，我就已经准备相信它了。我不像记者那样知道怎么判断信息来源有多可靠。当你只是个普通人时，你真会被引导着相信任何东西。就是因为互联网，随便什么人都能在上面发布新闻。我怎么知道是真是假？这让选总统都变难了。人们选择唐纳德·特朗普，是因为（他们以为）他发推文说他会终结化学尾迹——你明白我的意思吧？ [11]

尽管如此，阴谋论在将本可能被忽视的事物与论述——边缘性问题——拉回到人们视野方面，确实起了重要而且必要的作用。"阴谋论"这个词更多的是关乎到人与权力的关系，而不是人与真理的关系。不能轻易忽视化学尾迹中的"黑烟制造者"，因为很明显，它指向的是真实而仍在持续的大气环境剧变。罗斯金的"瘟疫云"可能是英国快速工业化时期烟囱排放物的第一次视觉艺术呈现，也可能不是，也可能它有更深的寓意：从欧洲战场成千上万散落的尸体身上升起的瘴气，20世纪工业资本战争的第一批死难者。

和罗金斯所处的时代一样，当下的主要不确定性也表现为一种气象形式：一系列未曾见过的奇异云彩。2017年，世界气象组织（World Meteorological Organization）在其出版的最新一期《国际云图》（*International Cloud Atlas*）中加入了一种新的云型类别：人造云（homogenitus），用于描述那些由于人类活动所形成的云。[12]

在大气下层，都市与车辆排放的温暖潮湿的气体形成了一种雾：称为人造层云（Stratus homogenitus）。这些云层在大气层不稳定的地方上升，形成自由浮动的人造积云（Cumulus homogenitus）。热电厂通过冷却塔将废热排放到中层大气，使原有的雨层云和高层云膨胀增大，并将自己置身于云雾形成的阴影之下。但要到高层大气，远离地球表面，人造云才会露出本来面目。

喷气式飞机引擎中的燃油燃烧产生了水蒸气和二氧化碳。水蒸气在寒冷的空气中迅速冷却，先变成液态的微小水滴，接着硬化成冰晶。要在高海拔位置形成冰晶，需要有一个微粒作为核心：飞机燃料中的杂质可以担当这一角色。成百上千万的冰晶在飞机经过的地方形成了一条轨迹，这就是人造卷云（Cirrus homogenitus）。尾迹的正式叫法就是人造云，在寒冷无风的日子里，它们能保持好几个小时甚至更久。

天空中的这种纵横轨迹随处可见。在格兰特·莫里森（Grant Morrison）的系列漫画《隐形人》（*The Invisibles*）中，有个角色对着沙漠的天空用宝丽来相机拍了一张快照，说道："一片云在新墨西哥州杜尔塞的平顶山上空升起，这和新西兰皇后镇拍到的那片云一模一样，每个细节都相同。"在《隐形人》的宇宙观中，这是最为精彩的片段之一，故事突然分崩离析，暴露出时间旅行

196

197

和许多其他事物的证据。人造卷云在全球的奇特纠葛通过气象研究与阴谋论在网上不断流传复制，对我们来说，天气变成了网上的活跃数据：这是人类世（Anthropocene）中的暴风云，在现实空间中不受限制，在网络世界中也肆意传播，也是妄想症式的幻象。

科学家们尽力想要将"正常"的尾迹和阴谋论者的化学尾迹区分开来，但它们都含有同一危机的种子。尾迹是可见的信号，指示着喷气式飞机引擎的不可见排放物：二氧化碳，它具有惊人的隔热能力，在大气中的含量危险地快速上升。飞机的排放物还包括氮氧化物、硫氧化物、铅和黑碳，它们彼此之间以及和空气之间会产生复杂的反应，我们对此还没完全弄清楚。虽然航空公司数十年来不断引进节省燃油的高效燃烧技术，但这种通过技术节省的经济与环境成本远远跟不上全球航空业规模的快速增长。按照现在的扩张速度，到 2050 年，仅航空业的排放量就会达到将全球变暖控制在 2℃警戒线（the two-degree-Celsius crisis point）以下所能允许的二氧化碳总排放量。[13]

尾迹的确会影响气候，特别是当它们持续存在并扩散到整个天空时，会形成巨大的类似于卷云和高积云的白色覆盖。除了化学成分之外，尾迹本身的混浊度也会对大气层产生影响：它们所吸收的来自下方的长波热辐射要多于反射到太空的热辐射，从而加剧了全球变暖。这种差别在夜间及冬天尤为明显。[14] 长期研究显示，大气层中的云确实在变多：尾迹正在改变天空，而且并非朝着好的方向。[15]

在古希腊，有些预言者会应用鸟相学（ornithomancy），即通

人造层积云：捷克共和国的布鲁内托夫、塔斯米斯和波斯雷迪的发电厂升腾的蒸汽生成了云朵，在 2500 米高空铺展成层积云

过观察鸟类的飞行来预言未来。根据埃斯库罗斯（Aeschylus）的说法，是技术的引入者普罗米修斯为古人指出哪些是吉鸟、哪些是凶鸟，从而开创了鸟相学。[16] 同时，普罗米修斯还推动了占卜术的发展，即研究鸟类的行迹来获得预兆——某种原始的黑客行径。今天的占卜师就是那些执着的网络调查者，他们花费数个小时拣选事件的蛛丝马迹，将它们的内脏剖出摊开，拨动翻看关节位置，挑出钢铁、塑料、黑碳的碎片。

199　　许多阴谋论只是一种大众认知：人们对现实情形隐约有些觉察，却无法用科学的语言精准地表述出来，才会对这些情形产生了下意识的预言。但如果世界容不下不同的解释版本，那么就有落入更为恶劣的谎言的风险——从反科学的公众恐慌到血祭诽谤——也无法听到真实而必要的警告声音。

　　在加拿大极北部地区，当地居民声称太阳已不在原先的位置，星星也脱离了星座的羁绊。天气变化诡异莫测。不稳定的暖风从新的方向吹来，大洪水威胁着城镇村庄。甚至动物们也改变了生活方式，挣扎着去适应这种不确定的状况。这是努纳武特（Nunavut）电影制作人扎卡里亚斯·库努克（Zacharias Kunuk）和环境科学家伊恩·莫罗（Ian Mauro）在《因纽特人的认知与气候变化》（*Inuit Knowledge and Climate Change*）中所描述的世界。这部纪录片是对因纽特老人们进行的一系列采访，老人们叙述了他们对周遭世界的经验——通过数十年对气候的亲身观察而形成。太阳悬挂在不同的地方，他们说，往往和过去的位置相差好几公里。大地自身也失去了平衡。

　　当影片在 2009 年 12 月的哥本哈根气候变化大会（Copenhagen

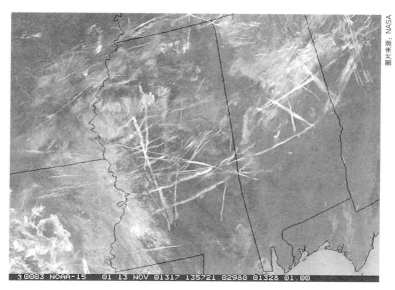

`30003 NOAA-15   01 13 NOV 01317 135721 02980 01328 01.00`

2001 年 11 月 13 日，NOAA-15 卫星的高级甚高分辨率辐射仪（AVHRR）在美国
南部上空的红外线分析，显示出不同时期的尾迹

Climate Change Conference，COP15）上放映时，引起了许多科学家的抱怨，他们认为尽管因纽特人的观点也很重要，但这种宣称地球已经有所移动——绕地轴倾斜——的说法十分危险，会使他们陷入不被信任的境地。[17] 但因纽特人的直观体验具有科学理论的支持：在高纬度地区，地面覆盖的雪层向不同方向反射与折射阳光时，会对太阳的形象产生极大的影响。冰雪的变化带来了可见度的相应变化。与此同时，大气中充满了微粒物质——即飞机尾迹中的杂质和化石燃料燃烧的排放物——也是毫无争议的事实。肮脏的城市上空看到的明亮的红色日落正是城市自身吐出的烟雾造成的结果。北极上空的太阳也以同样的方式被扭曲变形，看上去就像越来越遥远。天空也像其他所有东西一样，要透过气候变化的镜头我们才能看清面貌。即使不清楚原因，也不能否认这一事实。

"这么多年来，没人倾听过这些人的声音。每当（讨论的内容是）关于全球变暖、关于北极暖化，总是由科学家站出来宣讲他们的成果，而政策制定者则依赖于这些发现。没有人真正理解极北地区的人们。"[18] 库努克报道道。就这点而言，因纽特人和肯尼亚的酷刑受害者非常相似，他们所提供的证据无人过问，直到以他们的压迫者的语言、通过正式文件与分析得到证实。在脱离自身经验局限的问题上，科学与政治知识并不比体验型知识占据更多优势，而这也并不意味着它们面向的不是同一事物，或没有努力寻求对其精准表达。

近期在欧洲能见到的最壮丽的几次日落都发生在冰岛埃亚菲

亚德拉冰盖火山（Eyjafjallajökull）喷发之后，当时是 2010 年 4
月，火山灰遮蔽了整个天空。这种日落景观的成因还包括大气中
的悬浮颗粒，特别是二氧化硫。随着日落临近，灰尘与二氧化硫
在地平线位置生成波纹状的白云，背后是大气颗粒散射出的蓝光
和落日的红色结合生成的独特色调，被称为"火山紫"（volcanic
lavender）。[19] 随着火山灰云在数天内向西南移动，这种日落景观
也随之在整个大陆显现。人们已经知道火山灰会干扰飞机引擎，
但尽管几十年来已有多起事故发生，却少有相关研究。整个欧洲
空域都因此封闭。在这 8 天中，超过 10 万次航班被取消，相当
于全球一半的空中交通量，1000 万乘客被滞留。

除了日落以外，埃亚菲亚德拉冰盖事件中最令人不安的是
它的寂静。欧洲的天空在几十年来第一次如此安静。诗人卡萝 201
尔·安·达菲（Carol Ann Duffy）记录下了这种沉静：

英国的鸟儿
在这春天歌唱，
从因弗内斯到利物浦，
从克里夫到加的夫、牛津、伦敦城，
从兰兹角到约翰奥格罗兹；
寂静唤起的音乐，
莎士比亚听过，
罗伯特·彭斯、爱德华·托马斯听过；
短暂地，还有我们。[20]

还有人评论说，没有尾迹的天空有种旧日时光的怪异感。这种怪异感慢慢包围了我们，是这一事件的一次反转。当媒体还在纷纷报道交通中断带来的"混乱"时，我们正沐浴着阳光，坐在澄净的蓝天之下。这次火山喷发就是种"超物体"：一类剧烈程度超乎想象的事件，其影响体现在所有方面，但在当地却仿佛察觉不到，就像气候变化，就像罗尼·霍恩（Roni Horn）的天气悖论："好天气总是即时、个别的，而坏天气却总是全局性的。"

很长一段时间，气候变化怀疑论者都声称火山爆发所产生的二氧化碳比人类活动产生的更多。在历史上，火山确实应对全球变冷以及相应的恐慌情绪负有责任。1815 年印度尼西亚的坦博拉火山（Mount Tambora）大爆发是同类灾难性事件中距我们较近的一次，它导致 1816 年被人们称为"无夏之年"。北美和欧洲全境粮食歉收，七八月中都出现了冰雪霜冻，天空变成明亮的红色和紫色，饥荒遍布大地，关于凶兆与天谴的说法横行。在日内瓦，一群朋友决定把他们最恐怖的故事写下来，其中之一就是玛丽·雪莱（Mary Shelley）的《弗兰肯斯坦——现代普罗米修斯的故事》（*Frankenstein, or The Modern Prometheus*），另一个成果是拜伦（Byron）的诗《黑暗》（*Darkness*），他在其中写道：

> 光辉的太阳熄灭了，
> 星星们
> 游荡在黑暗的永恒宇宙，
> 昏暗无光，无路可去，
> 而冰封的地球，

202

> 茫然地摇摆，渐渐变黑，
>
> 在这没有月亮的空中。[21]

喀拉喀托火山（Krakatoa）在 1883 年 8 月的喷发也造成了紫色的日落和全球气温下降，这次喷发和罗斯金的"瘟疫云"、爱德华·蒙克（Edvard Munch）画作《呐喊》（*The Scream*）中的火红天空也都有关联。[22] 就像此前的坦博拉一样，火山爆发的消息花了几个月才传到欧洲，而在这段时间里，关于世界末日的预言铺天盖地。

埃亚菲拉德拉冰盖火山的喷发改变了对火山产生的二氧化碳的错误看法。据估计，火山喷发每天排放出的二氧化碳约为 15 万吨到 30 万吨，[23] 而欧洲所有飞机禁飞 8 天所减少的排放量就达到 280 万吨，[24] 比全世界所有火山在一年内排放的量都多[1]。[25] 如果蒙克在今天画《呐喊》，合适的背景可能就不再是喀拉喀托喷发时的血红色天空，而是纵横交错着飞机尾迹的天空：同样的尾迹也出现在化学尾迹阴谋论者的网站上，而正是这些人拒绝承认人为造成气候变化的事实。我们都在看着同一片天空，看到的东西却大相径庭。

人类的暴力活动也多次被气候记录下来。在 13 世纪，蒙古人侵略欧亚大陆，对农业造成了极大破坏，以至于森林也大量重新生长起来，从而导致大气中的碳水平下降了可观的 0.1%。[26] "小冰川时代"在 1816 年的"无夏之年"达到顶峰，而其起点则是

---

[1] 根据原文注释出处，全世界所有火山一年中二氧化碳排放量为 2 亿吨，此处应为行文错误。——译者注

在 1600 年，是长达一个世纪的全球动乱的结果。首先是 1492 年的哥伦比亚大灾难，在欧洲人到达美洲后的 150 年间，80%—95% 的原住民丧生，有些地区接近 100%，许多人死于战争，但大部分则是死于旧世界带来的疾病。原有的 5000 万—6000 万人口锐减至 600 万。结果是 5000 万公顷已开垦的良田又变得荒无人烟。接着，超过 1200 万非洲人被当成奴隶运到美洲，还有几百万死于运送途中。农业再次崩溃，这次大西洋两岸均被波及，森林的重生与木材燃烧量的减少共同导致了大气中二氧化碳含量的下降，从 1570 年到 1620 年间下降了 7%—10%。[27] 从此以后，二氧化碳再也没有像这样下降过。

　　或许这一事件才应该被当做人类世的开始，而不是什么当时觉得不可思议、后世看来却是自取灭亡的人类发明。不是 18 世纪开创了工业化时代的燃煤蒸汽机的发明，不是哈伯－博斯制氨法（Haber–Bosch process）开创的人工固氮技术，不是引爆上百枚核弹，释放出数以亿计的放射性污染颗粒……人类世的开始伴随着大规模的种族灭绝和席卷全球的暴力行径，其规模如此之大，因而被记录在了冰核与谷物花粉之中。这才是人类世的印记。不像其他在陨石撞击或火山持续喷发中开始的地质纪元，人类世的起源疑云密布，而它延续至今的影响则更是不清不楚。我们能够明确的是，作为第一个真正的人类纪元——与我们距离最近、纠葛最深——它也是最难以看清楚、想明白的。

　　在 2001 年 9 月 11 日早晨的 9 点 08 分，也就是第二架飞机撞上世贸中心大楼的 5 分钟后，美国联邦航空管理局（US Federal Aviation Authority）关闭了纽约空域和机场。9 点 26 分，管理局发布了全国禁飞令，禁止国内任何地区的任何飞机起飞。在9点 45分，全国空域全部关闭，所有民航飞机都不允许起飞，正在飞 行中的飞机则被命令即刻降落在最近的机场。到下午12点15分，美国陆地上空已经没有一架民用或商用飞机。整整三天内，除了军用飞机和囚犯运输机以外，什么飞机都不能从北美上空飞过。

在9月11日到14日的3天中，昼夜之间的温度差距，即平均日较差（diurnal temperature range，DTR）有明显的提升。在整个大陆，DTR上升超过1℃；而在尾迹覆盖率最高的中西部、东北部和西北部部分地区，DTR超过了季度平均值的两倍。[28] 像此前的许多同类事件一样，这起暴力事件也在天气中留下了自己的记录。

在9·11事件当天，新闻播报的画面底部开始出现了滚动条，开始是福克斯新闻（Fox News），随后是美国有线电视新闻网（CNN）和微软全国广播公司（MSNBC）。在此前发生重大新闻的时候，制作方也使用过滚动条来尽力传递最大的信息量，并让刚开始看的观众尽快跟上节奏。但在9·11之后，滚动条再也没有被撤下来。这场危机成了持续存在的日常事件，无缝融入了对恐怖分子的作战、对脏弹的恐惧之中，融入了股市崩盘与军事占领之中。在新闻滚动条里，原先断断续续、有事则报的新闻简报被持续不断的信息洪流所取代——Facebook和推特是推送滚动信息墙的鼻祖。新闻滚动条的数字推送中流通着无穷无尽的没有日期、没有标注来源的信息，将我们讲述关于世界的完整故事的能力撕成了碎片。9·11——并非事件本身，而是其发生时所处的、之后又被进一步加剧的媒体环境——预告着一个新的妄想症时代的到来，其最好的例子就是这一事件中政府的串通阴谋，但同时也在社会的各个层面得以印证。

道格拉斯·霍夫施塔特（Douglas Hofstadter）在 1964 年的作品中创造了"妄想狂风格"（paranoid style）一词来形容美国的政治风格。他所举的例子从 19 世纪初的共济会与反天主教恐慌，到 20 世纪 50 年代参议员乔·麦卡锡（Joe McCarthy）所断言的高层政府阴谋，霍夫施塔特勾勒出了一段令人烦乱的历史，并将看不见的敌人描述为"典型的反派角色，毫无道德准则的超人——阴险、无处不在、强有力、残忍、淫荡、奢靡"。[29] 这些敌人最普遍的特点就是他们通常拥有非比寻常的力量："不像我们，敌人不会陷入庞大的历史机器的劳苦工作中，他是他自己的过去、自己的欲望、自己的局限的牺牲品。他意图设立乃至亲手打造了历史进程，或者试图将历史的正常路径扭转到邪恶的方向上去。"简而言之，这敌人崛起于当前形势的盘曲复杂之上，掌握着所有的情况，能够以我们做不到的方式操纵全局。阴谋论是无权无能者的终极理想，让他们可以幻想出力量强大概是什么样子。

弗雷德里克·詹姆士（Fredric Jameson）也论述过这一主题，他写道，阴谋论"是穷人在后现代时代的认知映射，是对晚期资本家整体逻辑的丑化，是极力试图对资本体系进行刻画，但却在彻底沦为文学素材的境地中一败涂地"。[30] 人们被错综复杂的事物包围——马克思主义历史学家认为这是资本主义造成的普遍疏离感的象征——但他们已经出离愤怒，诉诸于更为简化的故事，企图对局面重新取得控制。世界在科技的强化与加速下，越来越趋向于简化的反面，当它变得更加复杂，并且这种复杂性也更加可见时，阴谋也必须与之适应，变得更加诡异、曲折、强烈。

霍夫施塔特还指出了妄想狂风格的另一个关键点——反映出了民众自身的欲求："很难不得出这样的结论，这个敌人在很多方面就是我们的自我投射，理想的和无法接受的自我形象都被赋予他。"[31] 化学尾迹如影随形，在潜意识中固化成为更广泛的环境破坏的表现。就像一个朋友告诉我，他去度暑假时乘坐的飞机就是我在半夜看到的运送遣返离境者的那一架，化学尾迹的信奉者可能也正是在同样一架排放污染物的度假航班上，透过机窗拍摄下了外面的"黑烟制造者"。我们深陷其中的复杂世界不存在所谓外部空间，而我们对形势的看法也不存在外部视角。带给我们知识的网络也将我们包裹其中，将我们的认知折射成一百万种观点，给我们启迪的同时也误导着我们。

在过去几年，妄想狂风格成了主流。人们很容易把化学尾迹阴谋论者或9·11真相追寻者（9/11 truthers）当成疯疯癫癫的边缘人物，直到他们接管了政府乃至打垮了国家。唐纳德·特朗普或许没有在推文里写过要终结化学尾迹云云，但他确实多次在推文中写过，全球变暖是个针对美国商业的阴谋，可能就是中国的某种诡计。[32] 他在政坛的崛起就发生在"出生论者"（Birther）运动之后，这一运动声称贝拉克·奥巴马并不是美国人，因此没有成为总统的资格。出生论者运动促进了共和党的激进化，也成为茶党集会和市政厅会议的主要议题。特朗普在一场媒体邀请会上质疑奥巴马出生证明的合法性，并在推特上声称奥巴马其实是肯尼亚出生的移民，原名为"巴里·索韦托"（Barry Soweto）。如果奥巴马公开他的护照申请，他就捐款给这位总统最喜欢的慈

206

善机构。由于对这一话题的紧追不舍，他在共和党潜在选民中的支持率翻了一番，而其他政治家也在寻求他的支持，包括他后来在共和党候选人上的竞争对手米特·罗姆尼（Mitt Romney）。当他在 2016 年终于再次提及这一阴谋——此时奥巴马的完整版出生证明已被公开很久——他却声称这是希拉里·克林顿挑的头。[33]

207

在加入对总统的角逐之后，特朗普继续从网上最极端、最突出的阴谋论者那里借鉴台词。他呼吁建造一堵边境墙来防止墨西哥的"谋杀犯和强奸犯"进入美国，并引用亚历克斯·琼斯（Alex Jones）的 Infowars.com——一个阴谋论网站与传媒帝国——所制作的视频来作为佐证。他的竞选团队反复呼吁将希拉里·克林顿投入监狱，这也是由 Infowars.com 发起的。特朗普如此乐于复述他在互联网上读到的内容，或接受与右翼阴谋网络有紧密联系的谋士的意见，这让琼斯本人都感到吃惊。他说："我们在广播中谈论的话题，过两天就从特朗普口中一字不差地又说一遍，这简直太不真实了。"[34] 互联网上的边缘人群已重返到视线中心。

在美国空军那篇启动了化学尾迹阴谋的报告——《以天气为助力：控制 2025 年的天气》中，作者写道：

> 虽然大多数天气调节工作都依赖于某些事先存在的气象条件，但也有可能人为制造出某些天气效果，并且不受先前的气象条件的影响。比如说，通过影响终端用户获取的气象信息，就能创造出某种虚拟天气。终端用户获得的参数值、全球或地方气象信息系统的图像都与真实情况不同，这种错误信息会导致他们作出低级的行为决策。[35]

在这种情况下，不必改变真实的天气，而只需要对目标用于感知天气的工具进行干扰即可。不用在大气中播入人造云的种子，而只需在已取代了我们对世界进行直接认知的信息网络中插入它的代码即可。正如化学尾迹阴谋论的某个版本所称：真正危害我们的是虚拟天气。

虚拟天气干扰了我们以条理清晰的方式讲述有关世界的故事的能力，因为原先已经建立的关于现实一致性——以及将一致性作为一个整体——的认知模型遭受了挑战。在分析网上最极端的阴谋论时，经典的心理学模型开始失效。根据教科书中的定义——此处用的是《精神疾病诊断与统计手册》（*Diagnostic and Statistical Manual of Mental Disorders*），由美国精神病学协会出版，在临床医生、研究者和司法体系中被广泛使用——如果一种信念是在一个人所处的"文化或亚文化"中存在，那就不算妄想。但互联网已经改变了我们建立及塑造文化的方式：相距万里的人们也可以在网上聚集，分享彼此的经验与信念，形成属于他们自己的文化。1796 年 12 月 30 日，一个伦敦的茶叶商人詹姆斯·蒂利·马修斯（James Tilly Matthews）打断了下议院的一次会议，在公共旁听席中大喊："叛国！"他立刻遭到逮捕，并很快被收治在贝特莱姆皇家医院（Bethlem Royal Hospital）——更多人称其为疯人院。在接受检查时，马修斯声称他参与了国家的秘密事务，而威廉·皮特（William Pitt）政府正试图掩盖这些事。他还仔细介绍了一种名为"空气织机"（air loom）的机器，这机器通过液压泵和磁力发射器组成的系统来控制他的身体和精神。[36] 马修斯

208

作为第一个有书面记录的妄想型精神分裂症患者被载入史册，他对"空气织机"的细致描述也被搬进了文学作品，作为第一例紧跟当时科学发现的妄想式幻觉。

1796 年，英国与欧洲的科学与政治革命闹得沸沸扬扬：约瑟夫·普利斯特列（Joseph Priestley）将空气分离成多个组成元素，安托万·拉瓦锡（Antoine Lavoisier）刚刚在巴黎出版了他的《化学元素表》，开创了对物质世界的新理解。这些发现都发生在法国大革命爆发后的短短几年内，因而获得了一定的政治优势。普利斯特列是一位坚定的共和主义者，他曾出版小册子来推广他的信念：科学与理性必将驱逐暴政带来的谬误与迷信。而反对新科学与社会改革的保守派却将政治动荡比作普利斯特列的"不稳定气体"（wild gas）：不自然，也无法控制。³⁷ 马修斯的"空气织机"就是通过将气动装置与政治机器混合在一起，从而生造出了一种阴谋。

此后每有技术进步，这一过程就会重复发生，从收音机到电视机，从电报到互联网。它们是门外汉试图将对新技术的古怪而浅薄的理解融入到他们的世界模型中的结果，但外部世界也负有一定责任，因其承认并助长了这种信念。马修斯——一个头脑聪明、彬彬有礼的人，后来帮助设计了疯人院的后继机构来更好地满足被收容者的需求——承认了他的病症，但仍坚持他的政治恶行。或许他是对的：后来的历史学家发现了他曾被政府雇佣执行秘密任务、但随即又被撇清关系的证据。

除了被临床确诊的妄想症病人，当今最接近马修斯的同类人物就是那些声称自己被"帮派跟踪"（gang stalking）或受"精神控制实验"戕害的人，最常见的症状包括时常幻想自己被陌生人（通过街头骚扰和强迫）、电子窃听器、心灵感应暗示等监视和迫害。被"帮派跟踪"和"精神控制"的对象们将自己称为"目标个体"（Targeted Individuals），他们成群结队聚焦在以诸如"反帮派跟踪""解放秘密骚扰与监视"等为名义的网站上。聚集在这些站点周围的团体人数远远超出那些接受了精神疾病治疗的人数；事实上，抗拒治疗、接受具有相同信念者，正是这些团体的核心要素。目标个体都讲述着和马修斯类似的故事：不具名的执行人使用最新的技术来影响和控制他们。但与马修斯不同的是，他们身边有一整个社群———一种文化——来为他们的信念提供辩护与支持。

正是这一点让妄想症的临床定义变得困难，因为它确实符合"被个人所在的文化或亚文化的其他成员所接受"这一标准。[38]那些被精神病学规范分类为妄想症的人可以找一个有类似精神状况者的在线社群并加入他们，这样就"治愈"了自己。任何与这种世界观相悖之处都能被当成掩盖他们所谓真相的幌子，从而被嗤之以鼻，这又能得到其他目标个体的支持。此外还存在这样的可能性：比起来自社会其他成员的赤裸裸的反对、厌恶与恐惧，肯定他们的信念或许是对他们更好的关怀。一群以不信任外部人群为主要特征的人，结合了网络技术，便创建出属于自己的不断发展、复杂多样、信息广博的社区，并在其中互相支持、自我强化。它从医学的角度将自己与社会主流隔离出来，自成一方世界，以便自身的理解可在其中获得印证与认可。

同样的模式也在不同但具有联系的群体中出现。莫吉隆斯症

211

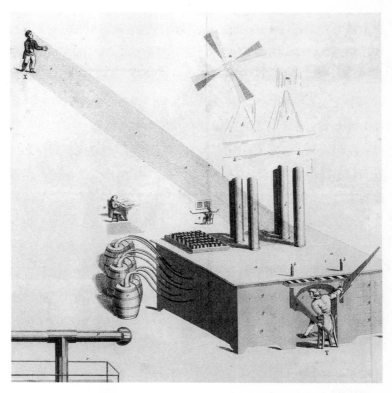

詹姆斯·蒂利·马修斯的空气织机。图片来自约翰·哈斯拉姆（John Haslam）的《图解疯狂》（*Illustrations of Madness*），1810

（Morgellons）是一种自我诊断的医学症状，已经困扰了医务工作者很多年。患病者自称皮肤持续发痒，并有纤维从身体里戳出来。大量研究已经证明莫吉隆斯症是种精神疾病，而非生理症状，但这些患者却通过互联网组织会议、发起游说组织。[39] 还有人声称由移动电话、无线网络热点和输电线产生的电磁波在导致他们患病。有人断言，受这种电磁波超敏症折磨的人数占美国人口总数的 5%，造成了难以言说的苦痛。受害者只能用一列列金属箔片为自己建造一个小屋，即"法拉第笼"，来将电磁波阻挡在外；或者搬到西弗吉尼亚州的美国无线电静默区（National Radio Quiet Zone），那是个没有无线电信号的科学保护区。[40]

从目标个体到莫吉隆斯症患者，从 9·11 真相追寻者到茶党成员，这些自我肯定的群体似乎是新黑暗时代的一个标志。他们所揭示的正是化学尾迹阴谋论者所直接表现出来的：我们刻画世界的能力就是我们可支配的工具的产物。我们都在看着同一个世界，却看到了截然不同的东西。我们为自己建立起一个系统，不断强化着这种差异，这种自动运行的民粹主义在任何时候都能向人们呈现他们想要的结果。

如果你登录社交媒体，开始查找有关疫苗的信息，那你很快就能找到许多反疫苗言论。而你一旦暴露在这些信息源下，其他阴谋论——化学尾迹、平坦地球、9·11 真相——也都会跳到推荐列表里。很快，这些观点就会看起来像是主流意见：无论讨论的题目是什么，支持性意见都像在回音室里一样无穷无尽。当我们不断地想要对世界有更多的了解，却总是碰上这种将自己的答案套用在所有问题上、而不提供真正解答的系统时，又会发生什么呢？

如果你正在网上为自己的观点寻求支持，你总能找到。不仅如此，你还会收到源源不断的证实性内容：信息越来越多，内容性质也越来越极端。这就是人权活动者如何逐渐演变成白人民族主义者，心怀不满的穆斯林青年如何沦落为暴力的圣战分子。这是通过算法演进的激进主义，服务于极端分子自身，他们知道社会的极端化终会为自己的目标所用。

2015 年 1 月，巴黎《查理周刊》（*Charlie Hebdo*）袭击事件后的一个月，"伊拉克和黎凡特伊斯兰国"（Islamic State of Iraq and the Levant，ISIL）的电子杂志《达比克》（*Dabiq*）第七期发行，其中包括一篇简述了该组织战略的编辑文章。它建立在 ISIL 此前声明的基础之上，提倡教派主义，指责不同宗教间的共存与合作。[41] 在 2006 年，ISIL 的前身"基地"组织袭击并摧毁了伊斯兰教什叶派的圣地、萨马拉的阿斯卡里清真寺（Al-Askari Mosque）——多起故意引发该国持续内战的挑衅行为之一。自 2014 年建立以来，ISIL 将这种行为进一步扩展到了全世界：通过声称对遍布全球的恐怖袭击负责，这一组织希望引起西方对穆斯林社会的强烈抵制，使社会极端化，并造成一种异化与报复的螺旋式暴力升级。[42]

ISIL 称穆斯林与其他社会之间的共存与合作空间为"灰色地带"（the gray zone），并起誓要将其摧毁。他们挑起穆斯林教派之间的争斗，让占多数的非穆斯林与其他公民对立起来，并试图借此将自己描画为伊斯兰真正的、唯一的保护者，把伊斯兰领土打造成唯一能让穆斯林真正获得安全的地方。为了这一战略的成功，就要让主流社会在暴力与恐惧的残酷压力下抛弃灰色地带，而屈服于一个非黑即白的世界，不承认任何疑问与不确定性。

在这一领域的另一端，"灰色地带"一词则被用于描述战争的最新形式，恰好处于常规武装冲突的门槛之下。灰色地带战争的特点是运用非常规战术，包括网络攻击、宣传与政治战、经济制裁与破坏以及资助武装代理战斗部队，而这些全都笼罩在虚假信息与欺诈骗术的疑云之中。[43] 俄罗斯在与东乌克兰和克里米亚发生军事冲突时所用的"小绿人"[1]（little green men），伊朗与沙特阿拉伯在叙利亚的代理战争，这些都指向了充满不确定性的战争演化形式。没人能弄清是谁在打谁，任何事都能被矢口否认。正如美国军方是气候变化的最先策划者，西点军校和参谋机构的军事策划者们也正处于认识到新黑暗时代这种扑朔迷离的现实的最前沿。

如果我们选择将灰色地带占为己用，又当如何？在圣战与军事战略之间，在战争与和平之间，在黑与白之间，灰色地带是我们大多数人如今生活的地方。灰色地带最为恰当地形容了被淹没在无法证明的事实与可以证明的虚假之下的区域，潜行于交谈、劝诱、说服之中，了无生气。然而，由于我们掌握着应用范围广阔的技术工具，并正在利用这些工具来创造知识，这让我们身处的灰色地带变得极不稳定、难以把握。这是个具有有限可知性、对存在性抱有怀疑的世界，令极端主义者和阴谋论者们厌恶恐惧。在这个世界中，我们被迫承认实证经验能应对的范围如此狭窄，

214

---

[1] 小绿人：最早在社交媒体上作为互联网用语出现，指的是身着绿色军装并无身份标识的进入克里米亚的不明武装分子，俄罗斯称之为"自卫军"。——编辑注

而排山倒海的信息洪流带来的回报也如此贫乏。

灰色地带不可战胜。它不可能枯竭，也不可能被占领——它已经人满为患。阴谋论是当下主流的叙事版本和通用语言：如果解读得当，它真能解释一切问题。在灰色地带中，尾迹既可以指化学尾迹，也可以是全球变暖的早期征兆，可以同时指向其中任一。在灰色地带中，工业烟囱中排出的浓烟与上层大气的自由分子混合在一起，推动着自然与非自然的产物在无法明确的源头随机游走。扎穿莫吉隆斯症患者皮肤的纤维束是光缆的组成元素，是传输高频金融数据的移动信号塔发出的电磁振荡。在灰色地带中，正在下沉的太阳照射着漂浮颗粒形成的雾霾，地球也确实失去了平衡：我们正准备好要承认这一切。

如果可以选择，有意识地处于灰色地带能让我们从形形色色的解释口径中任意选取，让我们有限的认知得以大大延伸，蒙覆在关于世界的半真半假、摇摆不定的陈述上。它比任何严格的两分法编码可能做到的都要更贴近真相——承认我们所有的理解都只是近似，这也让我们更有力量。灰色地带允许我们与原本互相抵触、不能兼容的世界观和平共处，否则我们将无法在当下采取任何有意义的行动。

第九章

并发
CONCURRENCY

在屏幕上，一双男人的手缓缓转动着一个装有 24 个印着《赛
车总动员》（Cars）图案的健达奇趣蛋（Kinder Eggs）的盒子。
他剥掉塑料包装纸，然后转动着，小心地将它举起，向我们展示
盒子的顶部和底部。画面切换，12 个奇趣蛋整齐地排列在一张桌
子上。这双手拿起其中一个，剥掉外面红色与银色的箔纸，露出
里面的巧克力蛋。将蛋敲开，里面有一个小小的塑料筒，打开后
则是一个小塑料玩具。如果这玩具还附带有贴纸或其他配件，这
些配件会被小心地安装上去。然后玩具就在镜头前被慢慢地操作
一番，所有配音就只有轻轻的撕开箔纸的声音、敲开巧克力的声
音和剥落塑料的声音。在被充分展示后，巧克力蛋及其内容物就
被摆在一边，接着这套程序便在下一个奇趣蛋上重复一遍，然后
是再下一个，直到所有奇趣蛋都被打开。在镜头快速扫过所有玩
具之后，视频结束了。这个视频总长不过 7 分钟，在 YouTube 网

站上已经被浏览了 2600 万次。

健达奇趣蛋是一种意大利糖果，由一层牛奶和白巧克力做成的蛋壳包裹着一包塑料玩具。自 1974 年诞生以来，已经在全世界被售出了数百万个——不过它们在美国被禁止上市，因为美国禁止在糖果中嵌入物品。《赛车总动员》是迪斯尼 2006 年发行的动画电影，内容讲的是闪电麦昆（Lightning McQueen）和他的汽车小伙伴们的历险故事，其全球总票房达到 4.5 亿美元，并且已经衍生出两部续集和数不尽的周边产品——包括健达奇趣蛋在内。在全世界那么多糖果、那么多商品促销中，为什么单单这一个值得如此虔诚地反复观看呢？

216　　当然不是这样，它没什么特别的。这段名为《〈赛车总动员 2〉银色闪电麦昆赛车奇趣蛋迪斯尼皮克斯巧克力银色赛车——玩具收集者制作》的视频只是 YouTube 上数以百万计的"惊喜蛋"视频之一。所有视频都围绕着同一主题：有一个奇趣蛋，里面有个惊喜，将惊喜展示出来。但这样一个简单的场景，就可以引出无穷组合。当然还有更多的健达奇趣蛋视频，包含可能出现的所有口味：超级英雄蛋、迪斯尼蛋、圣诞节蛋等等，不一而足。此外还有各种仿制品、和健达类似的蛋、复活节彩蛋，还有用培乐多彩泥和乐高玩具做成的蛋，还有气球蛋，诸如此类。还有和惊喜蛋类似的东西，比如玩具车库或娃娃屋这种可以被打开展示内容、并同样带来低声惊呼的玩具。有的奇趣蛋视频时长超过一个小时，而所有的奇趣蛋视频连起来，足够任何人看上一辈子。

自从开箱视频开始获得还不错的视频流量后，它就成了互联网上的主流产品。它们起源于技术社群，那里的人迷恋于新产品和打开包装的体验：用特写慢镜头拍摄将苹果手机和游戏控制台从包装中拆出的那一刻。在2013年左右，这一潮流延伸到了儿童玩具领域，正是这时发生了怪事。一给孩子们播放这种视频，他们的目光就会像激光一样专注，并且没完没了地播放，就像上一代孩子把自己最爱的迪斯尼影片卡带看到磨损一样。越是年幼的孩子，对内容实际是什么就越无所谓。程序的重复，加上鲜艳的色彩、持续的发现感，让他们欲罢不能。他们可以在YouTube上连续几个小时浏览这类视频，在令人宽慰的重复与无穷无尽的惊喜中不断兴奋着，他们的欲望也能在系统推荐算法的作用下不断得到满足。[1]

儿童电视节目在成人看来总是怪怪的，特别是那些针对学龄前儿童的节目。在它们从主流频道中消失、并在专用数字频道和网络上得到新生之前，儿童广播电视时代的最后一次重大争议是关于《天线宝宝》（*Teletubbies*），其中描写了5个像小熊一样的动物，头上长有天线，肚子上有一块屏幕，在绿色的田野和山林间笨手笨脚地游荡，玩着游戏，吃着零食。这部电视获得了巨大的成功，但也让那些认为儿童电视节目应当多少有点教育意义的人们感到不安。天线宝宝们用一种简化的"咕—咕"语交流，父母和媒体认为这会阻碍儿童的发展。但事实上，天线宝宝的语言是由语言学家设计的，有其内在逻辑。而剧中也含有很多惊喜蛋视频里的默认元素：有来有往的应答设置，当快要重复一段动作时就会有"再来、再来"的喊声。[2]让成人感到奇怪、荒谬，介于无聊和威胁性之间的东西，却为小孩子创造出一片安全、安心的天地。无论是否有意为之，但就是这种心理特点，让惊喜蛋

217

和同类视频在 YouTube 上如此盛行。但这种对儿童的吸引力、应许的奖赏和算法般的变异方式组合在一起，却让这些视频变得令人恐惧。

YouTube 推荐算法通过分辨观看者的喜好来发挥作用。全新的、尚未分类的视频只能孤零零待在网上，好像被困在某种遗忘之地，只有循链接点击进来或有网站外部推荐才会对它形成扰动。但如果它找到第一名观众，播放量就会开始增加，算法会大发慈悲地将它收录到视频推荐表里——突出显示在其他视频的侧边栏里，向忠实用户进行推广，从而提升其"曝光度"。如果视频上传时附有一段描述，如果它起了个好题目，并用算法容易辨别的方式打上标签，那就更好了，系统可以把它与其他类似的视频归为一组。很简单：如果你喜欢那个，你也会喜欢这个，就像爱丽丝掉进了兔子洞，可以一直落下去。你甚至可以设置让网站自动播放，一个视频结束时，推荐队列里的下一个就会接着播放，如此以往，无穷无尽。孩子们能很快生成推荐侧写，而当他们锁定一类特定的视频并来来回回地重复播放时，也就在不断强化这种侧写。算法特别喜爱这样的用户行为：需求定义十分明确，它们就能想办法去满足。

在屏幕的另一端是视频的制作者。视频制作是一门生意，只有一项简单的动机：获得更多点击率，赚取更多收入。YouTube 是谷歌旗下的一家公司，与兄弟公司谷歌广告（AdSense）具有合作关系。谷歌广告会在视频旁边——现在更多是在视频播放前、结束后、甚至播放中——加入广告。当有人观看伴随视频的广告，视频制作者就能获得收入——通常按照"每千人成本"（cost per mille，CPM，或每千次观看）来计算。某个制作者的 CPM 可能波动很大，因为不是每个视频、每次观看都伴有广告，而每千人成本率也可能随一系列因素而变动。但有些视频有可能价值千金：韩国流行金曲《江南 Style》是在 YouTube 上首个打破 10 亿播放量的视频，并通过前 12.3 亿次播放从谷歌广告赚取了 800 万美元，即每次播放 0.65 美分。[3] 要通过 YouTube 养家糊口，倒不必非得获得《江南 Style》一般的成功，但制作更多视频、让它们吸引更多眼球、瞄准像孩子这样会反复播放的细分市场，获得更高回报显然就要容易得多。

　　YouTube 的官方指导称，网站用户的年龄应当在 13 岁及以上，18 岁以下的用户登录都需要经过父母许可，但并没有什么能阻止一名 13 岁的孩子登录网站。更糟的是，其实根本无须注册账户，就像大多数网站一样，YouTube 通过地址、浏览器与设备型号以及用户行为来追踪特定访问者，并且能够为访问者建立详细的人口特征与偏好数据供给推荐引擎，而访问者甚至并未有意提交关于自己的任何信息。哪怕访问者是个 3 岁大的孩子，正在爸妈的平板电脑前胡乱捣鼓，用握紧的小拳头在屏幕上捶打一气，网站也会这么做。

　　这种情况发生的频率显然也被统计在了网站本身的访问数据中。"瑞恩玩具评论"（Ryan's Toy Review）是一个专门播放开箱视频和其他小孩玩意的频道，在平台的最受欢迎榜排名第 6 位，仅次于贾斯汀·比伯 和美国职业摔角。[4] 在 2016 年某个时间点，它一度升至最受欢迎榜榜首。瑞恩今年 6 岁，从 3 岁开始就是 YouTube 上的明星，拥有 960 万订阅者。据估计，他和家人每个

219

月可以从这些视频中赚取约 100 万美元。⁵ 榜单上的下一位是"小宝宝狂欢"（Little Baby Bum），专门播放为学龄前儿童制作的儿歌视频，虽然只发布了 515 段视频，但却积累了 1150 万个订阅者和 130 亿次观看。

　　YouTube 上的儿童视频是个庞大且有利可图的产业，因为这种即时满足式的视频对家长和孩子都很有吸引力——从而也吸引着内容创作者和广告商们。在熟悉的角色与歌曲、鲜艳的色彩、舒缓的声音面前，年幼的孩子就像被催了眠，能安安静静地乐上好几个小时。常见的策略是搜集许多儿歌或动画片段，剪辑成几个小时长的汇编，把时长写在视频描述或题目里，意指小孩可以在这里消磨这么多时间。

　　YouTube 的播主们由此发展出了大量策略，将家长和孩子们的注意力吸引到他们的视频上来，并获得随之而来的广告收入。其中一个策略是堆砌关键词，就像惊喜蛋的混搭标题所展示的那样，把尽可能多的搜索关键词塞进视频标题。结果就会出现所谓的"大杂烩"，随便从某个频道里选几个样本：《惊喜培乐多蛋小猪佩奇印章赛车总动员小 P 优优我的世界蓝精灵健达培乐多小马宝莉》《赛车总动员尖叫鬼吃了闪电麦昆迪斯尼皮克斯》《迪斯尼宝宝弹跳小伙伴复活节彩蛋皮克斯》《150 个超大惊喜蛋健达赛车总动员星球大战漫威复仇者乐高迪斯尼皮克斯尼克频道佩奇》和《巧克力玩具惊喜盒子 DC 漫威复仇者蝙蝠侠浩克钢铁侠》。⁶

　　这种夹杂着品牌名称、动画角色和关键词的标题完全不知所云，说明它们的真正受众并不是看视频的人，而是决定了谁会看到这些视频的算法。你塞进标题里的关键词越多，就越可能进入推荐列表，或者更棒——直接跟在类似的视频后面被自动播放。结果就是有数百万视频取了这种一长串的毫无意义的标题——不过 YouTube 就是个视频平台，算法和观众都不关心意义。

还有其他获得点击率的方法，其中最简单也最历史悠久的就是复制盗版其他视频内容。在 YouTube 上随便搜一下"小猪佩奇"就能产生超过 1000 万个结果——第一页几乎全是来自经认证的"小猪佩奇官方频道"（Peppa Pig Official Channel），由这部动画的制作团队运营。但很快，搜索结果中就开始充斥着其他频道的内容，不过 YouTube 显示搜索结果的统一风格让人很难发现这点。其中一个这类频道是未经认证的"玩吧玩具"（Play Go Toys），订阅人数为 1800 人，其中包括盗版的小猪佩奇剧集、开箱视频以及由品牌玩具出演"小猪佩奇"正版剧集的视频，标题起得就像是真正的剧集一样。[7] 混在里面的还有（可能是）频道播主自己的孩子在玩玩具、去公园的视频。

虽然这些频道只是存在些无伤大雅的盗版举动，但这显示出 YouTube 的结构是如何促使内容与作者分离，而这又是如何影响着我们对内容来源的警觉与信任。品牌内容的传统角色之一就是作为可信来源。不管是儿童频道中的《小猪佩奇》还是迪斯尼电 221 影，无论人们如何看待娱乐产品的工业化模型，这些产品都是经过精心制作、严格审查的，保证孩子们观看时基本上是安全的，因而也可以被信任。而当品牌与内容被平台分离之后，这点就不再适用了，有知名度且受到信任的内容可能会被无缝连接到未经认证且有潜在危害的内容上。

有公信力的新闻媒体在 Facebook 推送和谷歌搜索上也遭遇了完全一样的内容分离，这正在严重破坏着我们的认知系统与政治制度。当一篇经过真实性审查的《纽约时报》文章被分享到 Facebook 上，或者出现在谷歌搜索的"相关内容"框里，就会有一个看上去和来自 NewYorkTimesPolitics.com 的分享链接一模一样的网站链接。这个网站是由东欧一名十几岁的少年所建立，网站中全是编造的关于美国大选的新闻，极具煽动性和党派偏见。[8] 我们晚点再来说这些网站，但在 YouTube 的搜索结果中，知名资源里很容易就混杂了奇怪的不适宜内容，而且几乎无法区分。

儿童视频中另一个极其诡异的例子是"手指家庭"（Finger Family）。在 2007 年，一个名为"Leehosok"的 YouTube 用户上传了一段视频，内容是两组手指玩偶在跳舞，背景音乐是一首细声细气的儿歌："爸爸手指，爸爸手指，你在哪里？我在这儿，我在这儿，你好吗？"然后是妈妈手指、哥哥手指、姐姐手指和宝宝手指。这首歌的存在显然要早于视频，但这是它在 YouTube 上的首次亮相。[9] 到了 2017 年底，YouTube 上至少出现了 1700 万个版本的手指家庭歌。就像惊喜蛋一样，这些视频也涵盖了所有可能的主题，累计观看量以数十亿计，单是小宝宝狂欢的版本就有 3100 万观看数，而流行频道"啾啾"（ChuChu）上的版本更是有 5 亿之多。其场景十分简单，完全可以自动化生成：一款基础软件就能在动画绘制的手上套上任何物品或角色，超级英雄手指家庭，迪斯尼手指家庭，水果、小熊软糖和棒棒糖手指家庭，还有它们的各种变体，可以整页整页地不断下拉，成百万地累积着点击量。将几千种常见的动画形象、音轨、关键词互相组合，就能生成川流不尽的视频。如果不是把这些无穷无尽的变种全列出来，就很难抓住这种过程，但重要的是应当了解这个系统的庞大及其行为、程序和观众的不确定性。这类视频还很国际化，已经出现了泰米尔史诗和马来西亚卡通主题的手指家庭和颜色学习视频，这不太可能出现在英语母语者的搜索结果里。这种不确定性与广泛的触角是这一系统的存在及其内涵的关键。它的多维度也让人难以掌握，甚至难以琢磨。

这些视频的观看量值得认真推敲。就像大量视频是由自动化软件——机器人——所制作的，观看它们的也可能是机器人，甚至连评论都可能是机器人写的。机器人制作者和谷歌机器学习算法之间展开了一场军备竞赛，而谷歌早早就在多个方面一败涂地。不过谷歌没什么理由来认真对待这一竞赛：虽然它在公开场合可能会谴责、贬低使用机器人的行为，但它们大量增加了广告的播放量，从而为谷歌带来了可观的收入。但这种合谋不能模糊事实，还有很多真正的孩子正沉迷于手机和平板电脑，学着在浏览器里输入简单的搜索项，或者只需捅几下侧边栏，把下一部视频调出来。他们一遍一遍看着这些视频——成为飞涨的浏览量的一部分。越来越多的情况下，只要用语音指令就能唤出相关内容。

当人们重现在这个怪圈中时，事情变得益发诡异了。品客薯片罐（Pringles Tin）和不可思议的浩克（Incredible Hulk）3D 手指家庭还比较好理解，至少从程序的角度上看是这样，但聘用真人演员的知名频道也开始以同样的逻辑制作视频，而且并不是出于获取点击量的需要。在某种意义上，要确定其中有多大程度是自动化完成，或者分析出人与机器的差异，已经变得不太可能。

223

跳跳巡逻队（Bounce Patrol）是一家墨尔本的儿童娱乐公司，就像他们的澳大利亚同胞摇摆合唱团（Wiggles）一样，也遵循着前数码时代儿童感知中色彩鲜艳的传统。他们在 YouTube 上开设的"跳跳巡逻队孩子"（Bounce Patrol Kids）频道拥有约 200 万个订阅者，每过一周左右就会上传一个由真人出演、专业制作的视频。[10] 但跳跳巡逻队的制作却是紧跟着算法推荐的非人逻辑，结果就是一群人没完没了地把算法生成的关键词组合给演出来，这真是诡异至极：《万圣节手指家庭和孩子的万圣节歌曲儿童万圣节歌曲合集》《澳大利亚动物手指家庭 I 手指家庭儿歌》《农场动物万圣节歌曲和更多动物歌曲 I 手指家庭合集—学习动物叫》《野生动物手指家庭歌 I 大象、狮子、长颈鹿、斑马和河马！孩子的野生动物》《超级英雄手指家庭及更多手指家庭歌！超级英雄手指家庭合集》《蝙蝠侠手指家庭歌—超级英雄和恶棍！蝙蝠侠、小丑、谜语人、猫女》，如此等等。这就像老式的即兴表演，只不过在大声表演的是一台满足了 10 亿个超级活跃的幼童的需求的电脑。这就是算法发掘时代的内容生产方式：就算你是人，最后也会开始模仿机器。

我们之前也遇到过全自动化造成的恼人结果，比如亚马逊手机壳和强奸主题的 T 恤。没有人会故意在手机壳上印制药品和医疗设备的图案，这只是概率造成的奇怪结果。同样的，印着"保持安静，强奸无数"的 T 恤令人失望——而且令人忧虑——但却可以理解。没人打算把 T 恤印成这样，他们只是把未经检查的动词与代词列表组合起来放进在线图片生成器里。这种 T 恤很可能不会真正存在，当然也不会被买到或者穿在身上，所以不会造成什么危害。但严重的是，制作这些东西的人以及它们的经销商都没有留意到这些内容。他们是真的不知道自己在做什么。

越来越明显的是，这一系统的规模与逻辑与这些产品的出品脱不了干系，这也迫使我们思考它们的深层含义。正如前文所举的例子，这些结果中承载的社会影响更为广泛，比如大数据和机器智能驱动系统中的种族歧视、性别偏见，而且也同样无法轻易找到解决方式，甚至连差强人意的都没有。

怎么理解一个标题为《错头迪斯尼错耳朵错腿儿童颜色学习手指家庭 2017 儿歌》的视频？光是看这个标题就可以确定它是自动化的产物。"错头"（Wrong Heads）最初指代的是什么？现在仍然是个谜。但很容易想象，就像手指家庭歌一样，某个地方肯定出现过一个无害的原创版本，让很多孩子看得哈哈大笑，从而开始在算法排序中爬升，直到进入词语大杂烩的候选清单中。在那儿，它和"颜色学习""手指家庭""儿歌"等标题结合在一起——不仅仅是词语，还包括图像、情节和动作——混搭成这个特定组合。

视频中一边播放着手指家庭歌，一边播放着迪斯尼《阿拉丁》中的角色们头与身体轮换配对的动画。开始时还没什么问题，如果出现了错配，怪事就开始了，视频中出现了《阿拉丁》中没有的角色——阿格蕾丝（Agnes），即环球影业《神偷奶爸》（*Despicable Me*）中的小女孩。阿格蕾丝在情景中扮演着裁判的角色：当头和身子搭配正确时，她会欢呼；而搭配错误时，她会号啕大哭。机制很清晰，结果也很乏味：最有限的努力，制造出最少的意义。 ²²⁵

这个视频的制作者"宝宝乐电视"（BABYFUN TV）已经制

作了许多类似的视频，几乎全部都是按照同样的套路。迪斯尼动画《头脑特工队》中的角色霍普在《蓝精灵》和《魔发精灵》换头时痛哭，神奇女侠在《X战警》中抽泣，诸如此类。宝宝乐电视只有 170 个订阅者，点击率也很少，但还有成千上万个与此类似的频道。YouTube 和其他内容整合平台上的观看量从摘选结果来看都不大，但累计起来就非常可观。"错头"背后的运行机制非常清晰，但对不同主题的不断堆叠混搭却开始对成人的感知造成困扰：我们越来越感到有某种非人的东西，感到我们与生产这类内容的系统间出现了"恐怖谷效应"[1]。在表面的内容背后更深的地方，似乎出了错。

在宝宝乐的"错头"视频中，每一部里都有一个完全相同的哭泣小孩的数字形象。我们可能觉得它烦人，但很可能这种声音——就像《天线宝宝》中在太阳里咯咯笑的婴儿——能提供某种节奏或韵律，或者与人类宝宝的自身经历产生某种联系，从而让他们被这种内容吸引。但没有人要决定这么做，这完全是任由算法进行复制与重组，其中没有人工指导，而且也没人真想看到这个。而当这种无尽的流通与放大的循环回到人类这里时，又会发生什么呢？

"玩具怪人"（Toy Freaks）是 YouTube 上非常受欢迎的一个频道——全平台第 68 名，拥有 840 万订阅者——主打的是一位父亲和他的两个女儿来扮演上述提及的许多主题，就和跳跳巡

---

[1]　恐怖谷效应（uncanny valley）：一个关于人类对机器人和非人类物体的感觉的假设，由日本机器人专家森昌弘在 1969 年提出。即人形玩具或机器人的仿真度越高，人们对其越有好感，但当超过一个临界点时，这种好感度会突然降低，就像人越接近反而感到恐惧，一点点的差别都会显得非常刺目，直至谷底，称之为"恐怖谷"。——编辑注

逻队的原理一样：女孩儿们打开惊喜蛋，然后唱起应景的不同版
本手指家庭歌。除了儿歌和颜色以学习视频外，玩具怪人还特别   226
擅长创作令人作呕的场景，比如食物大战、在浴缸里装满假虫子
之类。玩具怪人已经引起了一定争议，观看者认为这些视频拍摄
了儿童呕吐、流血、痛苦的画面，已经踩上了虐待与剥削的边
界——如果还不算完全越界的话。[11] 玩具怪人是通过 YouTube 认
证的频道，但所谓认证，也不过是意味着频道订阅人数达到 10
万以上而已。[12]

　　和它的模仿者相比，玩具怪人甚至还算是比较温和的。有一
个名为"怪异家庭"（Freak Family）的越南版节目，讲的是一个
年轻姑娘喝卫浴产品、用剃刀自残的情节。[13] 在其他地方，孩子
从泥浆河里钓出色彩鲜艳的自动化武器；真人扮演的《冰雪奇缘》
（Frozen）里的艾莎在游泳池里溺水；蜘蛛侠入侵一家泰国海滨
度假村，用缠在穿着比基尼的半大孩子身上的胶带来教人认识颜
色；警察带着大号的娃娃头套和橡皮小丑面具恐吓一家俄罗斯水
上乐园里的游客。玩具怪人这类由真人主演的热门频道不断扩展
这些套路，让它们在互联网上反复出现，并且被重组得越来越怪
异、越来越扭曲。确实存在一种暴力与堕落的潜在趋势——希望
不是来自于某些真实孩子恶趣味的黑暗想象。

　　就像网上很多地方一样，YouTube 上的有些版块长期以来充
斥着一种肆意冒犯的文化，对什么东西都不尊重。YouTube 恶搞
帮（YouTube Poop）就是这样一种亚文化，他们将其他视频剪辑
混接成大体上无害、但有意冒犯的版本，在儿童电视节目里加配
上脏话叫骂和有关毒品的台词。这对家长来说往往也是最为诡异

的一类。原版《小猪佩奇》里有一集很受欢迎，讲的是佩奇看牙医的故事——但令人不解的是，看上去像是原版的那个视频只能在一个非官方频道里找到。在原版的情节中，佩奇由一位和善的

227 牙医妥善安抚着。但在"小猪佩奇牙医"的搜索结果中排名很靠前的一个版本里，她几乎是在受着折磨，牙齿伴着尖叫声被血淋淋地拔出。这些令人不安的小猪佩奇视频流传甚广，其中充满了极端暴力与恐惧的倾向，佩奇会吃掉猪爸爸，或者喝下漂白水。其中很多显然是拙劣的仿制品，甚至自身带着讽刺性：此前关于它们出现了一些争议，结果，它们居然获得了版权声明的保护。它们不是为了吓唬小朋友而制作的——真的不是——即使客观上有这效果。但它们却引发了一连串自发的后果，同时自身也是其中的一环。

　　如果只是简单地把 YouTube 上的怪象与恐怖归结为恶搞与黑色幽默者的行为，恐怕并未真正切中要害。在上面提到的视频中，佩奇忍受了可怕的看牙经历，接着就变形为钢铁侠、猪、机器人的混杂体，并跳起了颜色学习之舞。完全弄不清其中是什么力量在起作用：视频以模仿恶搞佩奇开始，接着又同步到我们之前见过的那种自动生成的重复套路中去了。这不仅是恶搞，也不仅是自动化作品，不仅是真人演员以算法逻辑演出，或者算法在无意识地对推荐引擎作出反应。这是欲望与奖赏、技术与观众、套路与伪装之间庞大而几乎完全隐蔽的阵列。

　　其他例子似乎不那么像是巧合，而更像是有意为之。完整的视频制作流程包括自动剪辑出电子游戏中的镜头，并用超级英雄或卡通人物代替原来的士兵和匪徒。蜘蛛侠打断了死神（Grim

Reaper）和《冰雪奇缘》中艾莎公主的腿，把他们丢进坑里一直埋到脖子。天线宝宝（对，又是它们）重现了《侠盗猎车手》（*Grand Theft Auto*）中摩托车追逐和银行抢劫的镜头。身上穿刺有冰激凌和棒棒糖的恐龙在毁坏城市街道。护士伴着手指家庭歌的音乐吃下粪便。一切都是无厘头，一切都在错位。熟悉的角色、幼稚的套路、关键词杂烩、完全自动化、暴力以及孩子们最恐怖的恶梦中的所有元素，在一个接一个又一个内容完全雷同的频道中互相混合，以每周数百个的速度炮制着大量新视频。价格低廉的技术与更低廉的传播方式，促成了这类梦魇般产物的工业化生产。

228

　　制作这些视频需要用到什么？谁在制作它们？我们上哪儿知道这些呢？其中没有人类演员，并不等于没有人参与其中。如今制作动画非常容易，而以儿童为受众的在线内容是从 3D 动画中赚钱的最简单的方法，因为其审美标准较低，而且独立生产就能上规模获利。它使用的是现成的内容（比如人物模型和动作捕捉库之类），并可以被反复使用修改，这种使用大多并无意义，因为算法根本分辨不出意义——孩子也一样。廉价的动画可能是出自只有六七个干不了其他工作的人的小作坊；可能是出自大仓库中的劳工，在生产视频的血汗工厂；也可能是出自某个异常低能的 AI（人工智能），一个被随意丢在箱子里的实验性程序，在不断的运行中累积起数百万点击量。是否有某个主权势力或者一群恋童癖故意要毒害一代人——正如一些网上评论者所相信的——我们无从知晓，也可能就只是机器想要这么做。在网上提问就等于把自己推进了另一个阴谋与创伤的兔子洞。网络肯定不会自我诊断，就像系统无法避免让自己的需求走向极端。

孩子们看着这些视频中自己最爱的卡通人物在杀戮性侵的场景中演出，心灵正在受到创伤。[14] 也已有家长报告，他们的孩子看过这些恐怖视频后行为发生了改变。这些网络效应已经引起了真实且可能持续的伤害。将年幼的孩子（有些还特别年幼）暴露在暴力与不安的情境下是一种虐待，但如果就只是以"就没有人想想这些孩子吗"的绝望控诉来应对这个问题，那就完全错了。显然这些内容并不恰当，显然背后有坏人存在，显然有些视频应该被删除。显然，这会带来关于适当性、盗用、言论自由等等问题。但从这个角度解读下去，就无法完全掌握其中运用的机制，从而无法在整体上思考其后果，并据此进行应对。

许多此类怪异视频的特点就是其展示出的恐怖与暴力程度，有时候是小孩的低俗表现，有时候是恶意的挑衅，而大部分时候则比这些更深入、更无意识。互联网能够放大并满足我们的许多潜在欲望——事实上，这似乎是它最擅长的事。也可以辩护说这种趋势有其正面意义：网络技术的蓬勃发展让许多人能够以从未有过的方式实现与展现自我，提升个人能力，解放不同个性与性向，而这从未像今天这样由如此不同的各类声音、被如此活跃地谈论。但如今，在这个有数百万儿童与成人经年累月流连忘返的地方——通过自己的举动，他们也向掠夺成性的算法暴露了自己最经不起诱惑的欲望——这种趋势似乎不可阻挡地变得暴力而充满破坏性。

与暴力相伴的，还有对儿童难以言喻的剥削——不是因为他们是儿童，而是因为他们毫无力量。像 YouTube 算法这样的自动回馈系统必须依赖剥削来维持其收入，并将贪婪的自由市场资本主义中最恶劣的一面编入了程序。如果不捣毁整个系统，就不可能施以任何控制。剥削已经被写入了我们正在建设的这个系统，因而更难以发现，更难被思考与解释，更难去对抗与防范。更让人不安的是，这不是科幻作品里的未来剥削图景——由 AI 进行独裁统治、工厂里全是机器人在工作——而是发生在游戏室里、客厅中，在家里乃至口袋里，由同一套运算机制驱动的现实。而处于两端的人们都在受到伤害：一面是麻木而惊恐的观看者；一面是低薪甚至无薪、被剥削或虐待的制作者。而居中的大多是自动化公司，同时从两端获利。

230

无论在哪里制作，无论怎样生产，无论其本身意图是什么，这些视频就是由一个有意给儿童观看视频并以此牟利的系统所培植的。无意识之下产生并滋长的后果已比比皆是。

让儿童观看这些内容就属于虐待。这不同于电影或电子游戏暴力对青少年的具有争议但无疑存在的影响，也不同于色情或极端画面对幼小心灵的影响——这些都是很重要的议题，但并不是这里所讨论的内容。YouTube 上处于危险之中的是非常幼小的孩子，从刚出生开始，他们被那些会令他们受到创伤、感到不安的内容锁定为目标，媒介就是极端容易发生这类虐待的网络。这与意图无关，而是关于数字系统与资本冲动的结合体所具有的暴力内核。

这种系统共同参与了对儿童的虐待，而 YouTube 与谷歌又合谋打造了这种系统。他们所建造的这个从在线视频中压榨出最大利益的架构被匿名者劫持，用来虐待儿童——或许甚至不是有意的，但确实是在大规模进行着。这些平台的拥有者绝对有责任来处理这种现象，正如他们也有责任来处理（多数是）年轻（多数是）男孩由于极端主义视频——无论是什么政治派别——而激进化的问题。至今为止，他们还完全没有显露出一点要这么做的意思，这十分可鄙——遗憾的是这也并不意外。但他们如何能在不自行关闭这些服务以及大量类似系统的同时来进行应对，这个问题并不容易回答。

这是个极其黑暗的时代，我们建设用于拓展交流与言论的体系却被用来以一种系统化、自动化的方式为害我们自己——我们所有人。当网络制造出如此可怕的东西，就很难让我们继续对其抱有信心。虽然我们会不由自主地将 YouTube 上其他更为野蛮的例子统统理解成恶意——事实上其中一大部分也确实是——但对大量偏重走荒诞路线的内容来说就显得不负责任。这体现出许多繁复的危险因素，比如这类事件可能被用作加强网络管控、推行审查制度、监控、瓦解言论自由等措施的正当性依据。在这点上，YouTube 上的儿童危机也反映了更广泛层面上的认知危机，这场危机是由自动化系统、不成熟的人工智能、社会与科学网络以及更广泛的文化概念共同造成的、同时它还自带了现成的替罪羊以及一套更为模糊纠结的底层结构。

在 2016 年美国大选的最后几周，国际媒体将目光聚焦到了马其顿共和国的小城韦莱斯（Veles）。韦莱斯距首都斯科普里（Skopje）只有不到一小时车程，这个前工业中心只有 44000 人，却引起了最高层的注意。在竞选最后几天中，就连奥巴马总统都在紧盯着这个地方。它已经成为新媒体生态系统的代表，对于这个系统，他说道："一切都是真实的，又没有一样是真实的。"[15]

2012 年，一对来自韦莱斯的兄弟创建了 HealthyFoodHouse. com 网站，并在网站上面塞满了从网络各处搜集来的许多减肥窍门和另类疗法，在此后几年中吸引了越来越多的访问者。他们的 Facebook 主页有 200 万粉丝，每个月还有 1000 万访客通过谷歌链接到诸如《如何用 21 天摆脱背部和体侧赘肉》和《5 种瞬间缓解疼痛的坐骨神经按摩舒缓精油》这样的文章页面。随着访客滚滚而来的还有谷歌广告带来的收入：兄弟俩已经成为当地名人，在跑车和韦莱斯夜店的一瓶瓶香槟上挥金如土。

韦莱斯的其他孩子群起仿效，很多人辍了学，把时间都投入到他们如雨后春笋般兴起的网站之中，堆砌着抄袭来的似是而非的内容。在 2016 年初，这些孩子发现网络新闻——随便什么新闻——最大也最饥渴的消费者就是特朗普的支持者们，他们聚集在 Facebook 上，所在群组人数众多，很容易辨认。就像 YouTube 上未经认证的频道一样，韦莱斯人建立的网站和互联网上到处弹出的成千上万非主流新闻网站一样毫无辨识度——可信程度也差不多，都是对特朗普拒绝承认主流媒体的一种响应。多数情况下，有没有区别并不重要：正如我们所见，社交媒体上的所有信息来源看上去都差不多，耸人听闻的标题与确认性偏差对保守派受众的影响，就像是 YouTube 算法对"艾莎蜘蛛侠手指家庭颜色学习真人秀"这一串字符所作出的反应一样，反复点击就能将这类故事在 Facebook 的内部排名中推得更高。几个大胆的少年尝试将同一套把戏用在伯尼·桑德斯（Bernie Sanders）的支持者身上，但效果要差得多。"伯尼·桑德斯的支持者属于我见过最聪明的那部分人，"其中一人说道，"他们不相信任何东西，帖子得有证据才能让他们相信。"[16]

在几个月中，类似希拉里·克林顿被起诉或教皇声明支持特朗普之类的标题为韦莱斯带来了源源不断的财富：街上多了几辆宝马，夜店又卖出了不少香槟。美国媒体站在自己的立场上，谴责这些马其顿少年"是非不分"的态度和"自以为是的行为"。[17]然而在这么做的同时，他们忽视了、或根本没想过助长马其顿假新闻热潮的历史因素与复杂的内在联系——从而也无法理解类似事件的更为广泛而系统化的影响。

韦莱斯曾以铁托韦莱斯为官方名称，当时它还不属于马其顿共和国，属于南斯拉夫。当南斯拉夫及其联盟解体时，马其顿成功避免了那场分裂巴尔干中部国家的血腥冲突。2001 年，在联合国的支持下，多数派政府与阿尔巴尼亚族分裂分子达成停火协议，接着马其顿在 2005 年申请加入欧盟。但它面临着一个重大障碍：与希腊之间的命名争议。马其顿的南部与希腊接壤，而希腊认为，马其顿这一名称属于其同名省份，并指责新马其顿人意图掠夺其领地。争议十余年来无法平息，阻碍着共和国进入欧盟、并最终进入北约组织，也让它离民主革命越行越远。

由于屡受挫折、难以进步，社会分裂随之进一步加剧，族群民族主义也死灰复燃。结果之一便是执政党推行的"复古化"政策：故意美化甚至编造马其顿的历史。[18]机场、火车站和体育场都被冠以亚历山大大帝（Alexander the Great）和马其顿的菲利普（Philip of Macedon）之名——两者都是希腊的历史人物，并且和斯拉夫马其顿关系不大——还有其他从希腊马其顿照搬过来的地名和人名。斯科普里的大片区域都被推土机铲平，并重建成更为古典的样式，这一工程要耗资几亿欧元，与此同时，这个国家的几项就业数据都在欧洲排名垫底。城市中心立起了巨型雕像，官方只是称为《战士》（*Warrior*）和《马背上的战士》（*Warrior on Horseback*），但所有人都知道这就是菲利普和亚历山大。有段时间马其顿国旗上画的是维吉纳太阳（Vergina Sun），这是在 234 菲利普位于希腊北部维吉纳的墓葬中发现的一个符号。这种种盗用都受到民族主义言论的支持，并被用于压迫少数群体和中间党派。主张与希腊和解的政治人物和历史学家都遭到了死亡威胁。[19] 简而言之，马其顿这个国家试图将自己的整体身份认知都建立在假新闻的基础上。

2015 年，据一系列遭到泄露的情报显示，这个推行复古化的政府还资助了本国情报部门的一项大规模线路窃听计划，在逾 10 年间非法记录了来自超过 2 万个电话号码的约 67 万次通话。[20] 不同于美英等被发现窃听自己国民通讯的民主国家，马其顿的这次泄密事件直接导致了政府垮台，这些截获的内容随后都被发给了被窃听对象。记者、议会成员、激进主义分子和非政府组织雇员中的人道主义者都收到了录有好几个小时他们最私密谈话的光盘。[21] 但就像在别的地方一样，这种揭露不会改变任何东西——只会引发更多妄想症。右翼政党指责国外势力策划了这起丑闻，并在民族主义言论上变本加厉。民众对政府与民主制度的信任降至新低。

在这种气氛下，韦莱斯的年轻人们全心投入到炮制假消息的项目中，又有什么奇怪的呢？更何况这种行为还能获得来自所谓代表未来的新式系统的奖赏。假新闻不是互联网的产物，为自身利益而篡改信息的行为一直都存在，只是这次换了新的技术。这是宣传的大众化，越来越多的人能够扮演宣传者的角色。而这最终成为了社会上业已存在的某个群体的扬声器，就像帮派跟踪网235 站是精神分裂症患者的扬声器。但如果忽略了造就韦莱斯的历史与社会背景，它的物化就标志着我们已无法理解自己亲手建立、并将自己围困其中的机制，标志着我们还在为模糊的问题寻找明晰的答案。

236　　在很多政治选举中也存在不明势力的影响，每一次都有阴谋与妄想相随。在英国脱欧公投的准备期间，五分之一的选民都相信这次投票会有安保人员合谋操纵。[22] 脱欧派建议选民带上钢笔去投票，以免铅笔书写的笔迹被擦掉。[23] 公投结束后，人们的目光聚焦到了剑桥分析公司（Cambridge Analytica）的工作上。这家公司属于罗伯特·默瑟（Robert Mercer），一位前 AI 工程师、对冲基金亿万富翁以及唐纳德·特朗普最有力的支持者。剑桥分析的职员将他们的工作描述为"心理战"——利用大量数据来锁定并说服选民。当然，结果表明安保人员确实在操纵投票，实际是这么发生的：剑桥分析向脱欧派"捐赠"自己的服务，而它的董事与员工中包括前英国军事人员，尤其是英军在阿富汗的前心理战指挥官。[24] 在脱欧公投与美国大选中，都有军事承包商运用军事情报技术来影响本国的民主选举。

　　记者卡罗尔·卡德瓦拉德（Carole Cadwalladr）曾多次强调脱欧派、美国右翼与这家影子般的数据公司之间的联系，她写道：

（我）试图每天跟踪这一事件，就像是一次无法停止的旋转：一个交织着关系、权力、资助与结盟的蜘蛛网，横跨大西洋两岸，包括数据公司、智囊团和媒体渠道。其中涉及复杂的公司架构，模糊不清的管辖地归属，通过平台技术垄断者的黑箱算法汇聚起来的离岸基金。这种令人目眩的复杂与地域分布的弥散并非巧合。混乱是江湖骗子的朋友，噪声则是其从犯。推特上的胡言乱语就是遮掩黑暗的现成外衣。[25]

就像在美国大选中一样，人们的视线又一次转向了俄罗斯。 237 调查者发现互联网研究机构也以其标志性的挑拨离间的行径，参与了推特上的脱欧狂欢。有个账户本应属于一位德克萨斯州共和党人，但却因与这一机构有联系而被推特封号。这个账户此前还登上过小报封面，当时它贴出了一张图片，表现一名妇女对伦敦恐怖袭击中的受害者视若无睹。[26]

除了 419 个活跃账户被认定属于这一机构，还有数不清的机器人账户。在公投后第二年，一篇报告发现有超过 13000 个机器人账户在推特上为辩论的正反两方发言——但赞同脱欧的内容是赞同留欧内容的 8 倍。[27] 在公投后的几个月内，推特删除了这全部 13000 个账户，但它们的来源仍是个谜。而根据其他报道，在有关 2016 美国大选的所有网络辩论中，有五分之一是来自于机器人，这些机器人的行为极大地影响了公众意见。[28] 当大量的民主辩论参与者既不担责任、又无迹可循，当我们无法知道他们是谁、甚至是什么的时候，民主制度就在遭到腐蚀。尽管机器人对社会的影响正以指数级增长，但它们的动机与来源却仍不清楚。

现在已经到处都是机器人。

在 2015 年的夏天，一个专为已婚人士寻找艳遇的约会网站 AshleyMadison.com 遭到黑客攻击，3700 万用户的详细信息被泄露到了互联网上。通过对网站用户间计费信息的数据挖掘，很快就能发现，尽管网站保证对男性与女性用户进行直接匹配——包括向高级会员保证艳遇成功——但不同性别的用户数量存在着巨大差异。在 3700 万用户中，仅有 500 万是女性，而且她们大部分只是开了个账号，之后便再也没有登录过。但有 7 万异常活跃的女性账户例外，阿什利·麦迪逊称她们为"天使"。天使们会主动与男性用户联系——而他们得付费才能回复——并在几个月间保持交谈，以确保他们继续登录，并支付更多费用。当然，这些天使全都是机器人。[29] 阿什利·麦迪逊聘请第三方用 31 种语言制作了数百万个假身份资料，建立起精密的系统来管理与操纵它们。有些男人在网站上花了数千美元——甚至有人还真获得了艳遇，但绝大多数人在几年时间里只是在花钱和软件进行毫无结果的交谈。这是对机器人反乌托邦的另一种诠释：一个不可能进行社交的社交网站，半数参与者只是幻影，而只有通过付费才能参与其中。正处于系统影响下的人们不可能知道发生了什么，而只是隐约怀疑事情可能不对劲。而除了打破这整个企业所立足的幻想，就不可能对这种怀疑采取什么行动。其基础设施的崩塌——这次入侵——昭示了它的破产，但它早已在一个凌虐系统的技术框架中明确出现过。

当我刚开始在网上发表关于 YouTube 儿童视频的吊诡和暴力的研究时，我收到了一大批来自陌生人的电子邮件和信息。他们都觉得自己知道这些视频的出处，有些花了好几个月在网上追踪这些网站主人和 IP 地址，有些则拿到了实景拍摄地资料及与之相关的虐待记录。视频来自印度、马来西亚、甚至来自巴基斯坦（每次都有新的地方）；它们被描述成国际恋童癖团伙的养成工具，某家公司的产品，一个变异 AI 的产物，或者是一个精心策划、由国家势力支持的跨国阴谋，意欲腐化西方国家的青年一代。有些邮件纯属脑洞大开，有些则来自专业的研究人员，但他们都相信自己已经解开了密码。如果只考虑某一部分视频或某一方面特性，他们的评价大部分还挺令人信服，但一旦放在全局下进行检验，则无一例外彻底落于失败。

无论是脱欧运动、美国大选还是令人不安的 YouTube 深处，其共通之处在于，就算有重重怀疑，我们也不可能搞清究竟是谁、在做什么、出于什么目的。看着无休无止的视频流、不停滚动的状态更新和推文，想要分清哪些是算法生成的胡言乱语，哪些是为了赚取广告收入而精心虚构的新闻；判断它们究竟是妄想狂的杜撰，是国家行动，是宣传，还是垃圾信息；分清哪些是故意放出的误导信息，哪些又是好意的事实核查，基本都是徒费工夫。这种混乱肯定有助于克里姆林宫间谍和虐童者之流的运作，但它也比任何一个团体所关心的内容都更深、更广：它就是这个世界真实的样子。没人认为世界应该这么演化——没人想要新黑暗时代——但我们已经将它建成了这样，现在只能生活在其中。

239

第十章

阴云
CLOUD

2013 年 5 月，谷歌邀请了约 200 位特别嘉宾来到英国赫特福德郡的格鲁夫酒店（Grove Hotel），参加其一年一度的"时代精神大会"（Zeitgeist conference）。这个为期两天的聚会自 2006 年起便年年举办，除了之后在酒店庭院中进行的公众"大露营"活动外，会议本身高度私密，只有某些指定演讲者的视频会被发布到网上。这些年来，在大会上发表演说的有前美国总统、皇室成员、流行明星等，而 2013 年的嘉宾名单包括多位国家首脑和政府部长、多家欧洲龙头企业的 CEO，还有前英国武装部队总司令，再加上谷歌的董事与几位励志演讲者。包括谷歌 CEO 埃里克·施密特（Eric Schmidt）在内的多位参与者还将在一个月后回到同一家酒店，参加汇聚世界政治精英、同时更加私密的彼尔德伯格会议（Bilderberg Group meeting）。[1] 2013 年大会的议题包括"今天就行动"（Action This Day）、"我们的传承"（Our Legacy）、"互联世界中的勇气"（Courage in a Connected World）和"快乐法则"
（The Pleasure Principle），并以一系列演讲来敦促这些全世界最
具影响的人物支持慈善行动以及追寻他们自身的快乐。

施密特以对科技解放力的一段赞美来亲自为大会开场。"我
认为我们缺少一些东西，"他讲道，"也许是因为我们的政治运
行机制，也许是因为媒体的工作方式。我们还不够乐观……创新
的本质以及在谷歌乃至全球正发生着的事物，将对人类起着非常
积极的影响，我们应当更加乐观地看待即将发生的未来。"[2]

242　　　在随后的讨论环节中，有一个问题将乔治·奥威尔（George
Orwell）的《1984》作为这种乌托邦式想法的一个反例，施密特
在回应中则以手机——特别是手机摄像头——的普及来展示科技
是如何让世界变得更好：

> 在互联网时代，要实施系统化的犯罪已经非常非常困难，
> 我会给你们举个例子。我们曾到过卢旺达，1994年那里发生
> 过一场可怕的……基本上是种族灭绝式的屠杀。4个月间有
> 75万人被大刀砍死，这种杀人手段惨绝人寰。这需要预谋，
> 需要有人把计划写下来。我在想的是，在1994年，如果每
> 个人都有一部智能手机，就不可能发生这样的事。人们会注
> 意到正在发生什么。计划会被泄露。总有人会推断出实际情
> 况，总有人会作出反应，并阻止这次可怕的屠杀。[3]

施密特——以及谷歌——的世界观完全是基于这样一个信
念：透明可见就能带来改善，而科技正是提高可见性的工具。这

个观点已在全世界盛行，然而它不但完全错误，而且无论是在整体上、还是在施密特所举的特例中，都极具危险性。

全球政策的制定者——尤指美国，但也包括这片区域的前殖民国比利时和法国——早在屠杀前几周乃至前几个月就已掌握了广泛的信息，也了解屠杀过程中的情形，并将这些信息巨细无遗地记录在案。[4] 许多国家在当地派驻了大使和其他工作人员，非政府组织也有人员派驻，联合国、各国政府部门、军方和情报人员都在监控着事态进展，并在危机升级之时撤回了工作人员。国家安全局监听并记录了如今臭名昭著的卢旺达全国性无线电广播曾做出的打响"最后一战""消灭这些蟑螂"的呼吁。［在屠杀期间，联合国驻卢旺达维和部队司令罗密欧·达莱尔（Roméo Dallaire）将军后来对此评论道："只要拦截广播内容，并替换成和平与调解的信息，就会对事态进程产生重大影响。"］[5] 美国在很多年里一直否认自己在暴行发生时掌握了任何直接证据，但在 2012 年对一个卢旺达屠杀者的审判中，起诉方出乎意料地拿出了一组高分辨率的全国卫星照片，分别拍摄于 1994 年的 5 月、6 月和 7 月，贯穿整个"百日屠杀"期间。[6] 这些照片来自美国国家侦察局（National Reconnaissance Office）和美国国家地理空间情报局（National Geospatial-Intelligence Agency）的分类数据库，里面勾勒出路障、毁坏的建筑、万人坑、甚至前首都布塔雷（Butare）街道上遍地的尸体。[7]

1995 年，这种情形又在巴尔干重现，当时中央情报局工作人员从维也纳的战情室通过卫星看到约有 8000 名穆斯林男子与男

243

童正在斯雷布雷尼察[1]（Srebrenica）惨遭屠杀。[8] 几天后，从一架 U-2 侦察机传来的照片显示出集体坑葬的新鲜土堆：这一证据直到一个月后才被报送给克林顿总统。[9] 但很难去责备机构的惰性，毕竟他们已经做到了施密特所呼吁的对图像分布式的处理。在今天，万人坑的卫星照片已不再是军方与国家情报机构的专利，谷歌地图上就能找到堆满被害者尸体的战壕的前后对比照片，就像在 2013 年大马士革南部达雅清真寺（Daryya Mosque）中发生的那样。[10]

所有这些案例都表明，监视完全是一项回溯性的工作，没有当下立即行动的能力，而且要完全服从于强权力难以抵御的既得利益。在卢旺达与斯雷布雷尼察，缺少的并不是揭露暴行的证据，而是基于证据采取行动的意愿。正如一份针对卢旺达杀戮的调查报告所说："任何对屠杀未能充分认识的情形都是源于政治、道德和想象力的薄弱，而不是信息方面的问题。"[11] 这句话简直可以作为本书的结语：一起对我们忽视或者寻找更多未经加工的信息的证据确凿的控诉，因为问题并不在于我们知道多少，而是我们做了什么。

这话是在责备照片的无能为力，却并不能用来支持施密特的观点，即无论其来源是多么大众、多么分散，更多的图片和信息总能带来帮助。施密特将智能手机视为能对抗系统化犯罪的技术，

---

[1]　斯雷布雷尼察大屠杀：1995 年 7 月 11 日—22 日，波黑塞族军警以及南联盟派出的军警突袭并攻占了斯雷布雷尼察，在接下来的 11 天时间里对当地 8000 多名穆斯林男子和男孩进行了杀戮。波黑政府直到 2004 年 6 月才承认这一屠杀事件。斯雷布雷尼察大屠杀是第二次世界大战之后发生在欧洲的最严重的一次屠杀行为，国际法庭确认其为种族灭绝。——编辑注

但事实也一再证明，它反而会放大暴力，将人们暴露在灾难之下。在 2007 年肯尼亚大选结果揭晓之后，手机就变成了这里的卢旺达无线电台，怂恿两个种族互相残杀的短信息加速了暴力的涡流。超过 1000 人被杀害。其中一则信息被广泛传播，劝诱人们写下并发送他们敌人的名单：

> 我们不会再让无辜的基库尤族（kikuyu）人流血。我们要在都城将他们赶尽杀绝。为了正义，写下你在工作、居住地点或内罗比任何地方认识的卢奥族和卡鲁斯人以及他们的孩子所处的位置、以什么方式上学等信息。我们会告诉你该发送信息到哪个号码。[12]

仇恨短信的问题如此严重，以至于政府也尝试自己发送关于和平与调解的短信，而人道主义非政府组织则谴责这种在手机制造的封闭且不可触及的小圈子内流传的不断升级的言论，称其应当为暴力的恶性循环负责。随后的研究也发现，即使考虑了收入不平等、种族割裂和地域因素，整个大陆内的手机覆盖率的提升也与暴力水平的提高相关。[13]

并不是说卫星或智能手机本身会制造暴力。卫星、智能手机等科技发明的效用本身并不带有任何道德色彩，但是我们通常会不加批判、不假思索地信任它们，才会令我们永远难以反思自己与世界互动的方式。未经质疑便断定科技是中立善意的，都只能证明现状如此。施密特关于卢旺达的说法就是站不住脚——而且事实恰恰相反，作为在数据驱动的数字扩张进程中全球最有实力

245

的服务商，他在面对全球商业与政府领导人时，所说的话不仅错误，而且十分危险。

信息与暴力的相互关联正变得彻底且不可避免，同时，在意图牢牢控制世界的科技的影响下，信息正在加速武器化。军方、政府与企业利益的历史渊源以及新技术的发展，都让这一点清晰显现，而其造成的影响也随处可见。然而我们还在继续赋予信息与其并不匹配的价值，任它将我们锁定在不断重复的暴力、破坏与死亡的循环之中。鉴于我们长期以来都在其他事物上做着类似的事，这一认识不应该、也不能够被忽视。

英国数学家克莱夫·赫比（Clive Humby）是超市奖励项目"乐购俱乐部卡"（Tesco Clubcard）的设计者，他在 2006 年提出"数据是新的石油"，[14] 从那以后，这句话就被一再重复与扩展，先是市场营销人员，再是企业家，最后是商业领袖和政策制定者。2017 年 5 月，《经济学人》花了整整一期来讨论这个议题，并宣称"智能手机与互联网带来了丰富的数据……通过收集更多数据，一家公司就有更大空间来改良产品，从而吸引更多用户，进一步产生更多数据。"[15] 万事达信用卡的董事长兼 CEO 告诉他在沙特阿拉伯（真实石油的世界最大生产者）的听众，数据可以像原油那样成为有效的财富生产方式（他还将其称之为一种"公共品"）。[16] 在英国国会关于脱离欧盟一事的辩论中，两个阵营的国会议员都提及了数据与石油类似的特点。[17] 但在做出这类引用时，他们却极少提及长期性、系统性、全球性地依赖于这种有毒物质以及其令人疑虑的开采环境究竟意味着什么。

在赫比最初的表述中，他将数据类比为石油是因为它富有价

246

值，但如果不加以精炼就难以被真正利用。"原油必须转化成汽油、塑料、化工制品等等，才能创造有价值的实体，驱动营利活动的开展；因此数据也必须经过分类、分析之后才能具有价值。"[18] 重要的是让信息变得有用所必需的工作，但这么多年来，在处理能力和机器智能的促使下，这一重点早已被忽略，被纯粹的投机主义所取代。在简化过程中，这项比喻的历史影响、在当前的危险性以及长期后果都被忘得一干二净。

我们对数据的渴求就像对石油的渴求一样，如同历史上的帝国主义和殖民主义，并与资本主义的剥削网络紧密相连。最成功的帝国都会在自我宣传中进行有选择的披露：只披露那些次要的非核心内容。数据被用来对能满足帝国主义需求的对象进行定位与分类，就好像帝国的臣民要按照主人的命令来起名并进行登记。[19] 这些帝国会对其治下的自然资源先占有、再开采，而它们所建立的网络如今又在数码基础设施上继续存活：继为了控制旧帝国而铺设的电报电缆网络之后，又出现了"信息高速公路"。如今西非通往世界的最快数据通路仍然要经过伦敦，而英国—荷兰两国控股的荷兰皇家壳牌集团（Shell）也仍在开采尼日利亚三角洲的石油。环绕非洲南部的海底电缆归属于以马德里为总部的公司，而那些非洲国家还在为夺回本属于它们自己的石油权益而努力。光纤连接通过在去殖民化时期悄悄取回的离岸领土传输着金融交易数据。帝国大多已经取消了领地，只在基础设施层面继续运作，并以网络的形式保留权力。数据驱动的政权还在重复着先祖的种族主义、性别歧视与压迫政策，因为这些歧视与态度已经从根源上写进了它们的代码。

247

如今，数据／石油的开采、提炼与使用污染了大地与天空。它溢出来，渗入一切事物。它进入我们社会关系的地下水，并将其毒化。它将运算思维强加于我们身上，让社会因为愚蠢的分类、原教旨主义、民粹主义以及不断加速的不平等而出现深深裂痕。它维护并滋养着不均衡的权力关系：在我们与权力的大多数互动中，数据并不是由人们自由提供的，而是通过暴力攫取——或者在恐慌中吐露出的，就像一只受惊的乌贼，试图用墨汁遮掩自己以躲过捕猎者。

鉴于我们对气候变化的了解，政客、政策制定者和技术官员现在对数据／石油的褒奖有加实在令人震惊——如果我们还没对他们的虚伪感到麻木。即使我们死后，数据／石油的危害也远未终结，我们欠下的债需要花几个世纪才能还清，而我们也还远没有见识到它最糟糕、最不可避免的后果。

然而，即使数据／石油的比喻再逼真，其比拟能力在一个关键特性上也有所欠缺，并且这会给我们一种错误的期待，认为人类可以向无信息社会和平演化。不管其他特性如何，石油的根本属性在于它会枯竭。我们已经接近石油峰值[1]（peak oil），尽管每一次石油危机都会促使我们寻找并开采新的油田，或研发某种颠覆性技术——让地球和我们进一步陷入危险——油井终将枯竭，但信息不会。尽管像孤注一掷的水力压裂法一样，情报机构正在记录下每一封邮件、每一次鼠标点击、每一部手机的移动，

248

---

[1]　石油峰值论：源于 1949 年美国著名石油地质学家哈伯特（Hubbert）发现的矿物资源"钟形曲线"规律。哈伯特认为，石油作为不可再生资源，任何地区的石油产量都会达到最高点，随后该地区的石油产量将不可避免地开始下降。——编辑注

尽管信息峰值与我们的距离可能比我们以为的还要近，但原始数据的采集也可以永远持续，连同它对我们自身及我们应对世界的能力所造成的伤害。

在这点上，信息更接近的不是石油，而是原子能：一种实际上无限的资源，含有巨大的破坏力量，同时在与人类暴力史的显性关联上，信息与原子能也更为紧密。原子般的信息可能会以多种方式迫使我们面对有关时间与污染的存在性问题，而这些问题，几个世纪以来逐渐兴盛的石油文化已经大体上能够避免了。

我们已经回溯了运算思维在机器的帮助下如何逐步演化，并发展到制造原子弹的阶段，以及"曼哈顿计划"的熔炉是如何锻造出当代社会数据处理与网络体系（processing and networking）的架构。我们也看到了数据的泄漏及其路径，也就是造成隐私泄露与根茎状蘑菇云的功率极限骤增（critical excursions）及其连锁反应。这些类比并不是随口借用，而是基于我们对社会与工程所做选择的内在综合效应。

在"相互保证毁灭机制"[1]的幽灵作祟下，我们被困在冷战之中 45 年；同样的，我们如今也陷入了智力上的本体论死结。我们用来评估世界的基本方法——更多数据——已步履维艰，它无法解释复杂的、人为驱动的系统。并且这一失败也在逐步凸显——主要是因为我们已建立起一个庞大的全球性信息分享系统，使其更加显而易见。政府监视行为与以泄密这种方式进行反

---

[1] 相互保证毁灭机制（mutually assured destruction）：简称 M.A.D. 机制，亦称"共同毁灭原则"，是一种"俱皆毁灭"性质的军事战略思想。是假设对立的双方都拥有足以毁灭对方的核力量，如果有一方受到另一方核打击，都以相同的方式还击，则两方都会被毁灭，被称为"恐怖平衡"。——编辑注

监控的激进主义之间的"相互保证隐私熔毁"（mutually assured
249 privacy meltdown）就是这种失败的例子之一，还有因监视自身带
来的实时信息过载而导致的混乱。制药行业的研发危机也是个例
子：在运算中投入数十亿美元所实现的新药突破在呈指数级减少。
但或许最为显著的例子在于，尽管网上存在海量信息——众多中
庸观点和另类解释——阴谋论和原教旨主义不仅仍旧存在，而且
在迅速增长。就像在核武器时代一样，我们一再学习着错误的经
验，我们注视着蘑菇云，看到其巨大的力量，然后又一次进入军
备竞赛。

但我们应当透过其所有的复杂性，关注网络本身。在我们至
今打造的所有用于自省的文明级工具（civilisation-scale tool）中，
网络不一定是最新的，但肯定是最先进的。与网络打交道，就像
与博尔赫斯的"无限图书馆"以及其中包含的所有内在矛盾打交
道：这是一座无法聚合、也一直拒绝保持一贯性的图书馆。我们
的分类、总结与权威不再只是有所欠缺，而且是名副其实的语无
伦次。正如 H. P. 洛夫克拉夫特在他对新黑暗时代的宣言中所说，
以我们现在思考世界的方式，暴露在所有原始信息下的存活几率
并不比我们暴露在原子核下的存活几率更高。

"黑室"（Black Chamber）是美国国家安全局的前身，是
美国在 1919 年建立的第一个和平时期的密码分析组织，以权力
的名义，致力于信息的破解、精炼或销毁。它的实体同类是恩利
克·费米（Enrico Fermi）于 1942 年在芝加哥大学斯塔格球场（Stagg
Field）的看台下用 45000 块黑色石墨建造的设备，这个设备被用
于屏蔽世界上第一座人工核反应堆。正如曾经作为秘密的高原小

镇洛斯阿拉莫斯（Los Alamos）找到了它在当代的对应物——犹他州沙漠中在建的国家安全局数据中心，今天的"黑室"被具化为马里兰州米德堡由不透明玻璃和钢筋建成的美国国家安全局总部，以及谷歌、Facebook、亚马逊、帕兰提尔（Palantir）、劳伦斯·利弗莫尔（Lawrence Livermore）、"神威·太湖之光"和国防管理中心里一望无际的神秘的服务器机架。 250

　　费米和美国国家安全局的两个"黑室"代表着与两类湮灭的相遇——一个是身体的湮灭，一个是精神的湮灭，但两者的目标都是我们自身。两者都隐喻着对不断细化打磨的知识进行无止境的毁灭式追求，代价就是承认无知。我们在"更多的信息带来更优的决策"这一辩证法的基础上建立起现代文明，但我们的工程技术已经超越了哲学理念。小说家、社会活动家阿兰达蒂·洛伊（Arundhati Roy）在描写印度第一颗原子弹爆炸的场景时，将其称为"想象力的终结"——这一启示再次印证在了信息技术上。[20]

　　想象力的终结显然是可见的，不仅在于升起的蘑菇云，也在于漫长的原子半衰期，它将在人类自身灭绝后很久依然持续发出 251 辐射，为应对这点，我们诉诸迷信与科学。为了标记美国境内的长期废料存储地点，有提议说应当建造极其可怖的雕塑，以便让其他物种将其所在的地方看做是邪恶之地。与其配套的语音信息如下："这不是致敬的地方。这里并未纪念过崇高的事件。这里没有珍贵的东西。"[21] 另一项提议是由能源部 20 世纪 80 年代所组建的"人类特别干涉小组"（Human Interference Task Force）提出的，他们建议培育一种只要暴露在核辐射之下时就会改变颜色的"辐射猫"，作为活体危险指示信号，同时以艺术作品和寓言将这种变化的重要意义传达到深远的文化时空中。[22] 昂加洛（Onkalo）废弃核燃料存储场深深地挖进了芬兰地下的岩床之中，这又是另一个方案：一旦完工后，它就会在地图上被抹去，被隐藏起来，永久遗忘。[23]

以原子的方式来理解信息时，所呈现出的未来将灾难重重，迫使我们将现在当成唯一的行动窗口。与对原罪和乌托邦/反乌托邦式未来图景的虚无主义描述相反，有一股在环境与原子方面的行动主义力量设定了"守护者"（guardianship）的概念。[24] 守护者对原子文化下的恶果全权负责，即使、也尤其是这些恶果是为我们的表面利益而被创造出来。其原则是在当下尽可能少作恶，同时为子孙后代负责——但这并不意味着我们能够掌握或控制它们。正因为如此，守护者要求变革，要求对我们已经制造出的东西负起责任，并坚持认为将放射性物质深埋就能排除大范围污染的可能与风险。但这么做的同时，它就与新黑暗时代结成了同盟：

252 在那里，未来充满不确定性，而过去则不可逆转地备受争议，但我们仍然可以与我们直面的事物对话，仍然可以清晰地思考、基于正义而行动。守护者坚持认为，这些原则需要有超出纯粹运算思维、但又完全合乎我们越来越黑暗的现实的道德承诺。

说到底，任何在新黑暗时代的生存策略都依赖于对此时此地的关注，而不是计算机预测出的虚幻前景、监视、意识形态或描述。悬在受压迫的历史与不可知的未来之间，当下才是我们生活与思考之处。技术告知并塑造着我们如今对现实的感知，它们不会消失，而在许多情况下我们也不应希望它们消失。我们在这个承载了75亿人口、并且人口仍在不断增加的星球上，现在的生

芝加哥一号堆的指数反应堆前体，1942 年

命支持系统完全有赖于技术。我们对这种系统及其影响的理解、对设计它们时有意识作出的选择的理解，此时此地，仍完全在我们的能力范围内。我们并非毫无力量，并非缺少手段，并没有被黑暗所限。我们只是需要思考，反复思考，持续思考。这张网络——我们、我们的机器以及我们共同构想与发现的东西——需要思考。

致 谢

致我一切的伴侣，娜瓦恩·G. 卡恩都索斯（Navine G. Khan-Dossos），感谢你的支持、耐心、热烈的想法和无私的爱。特别感谢拉塞尔·戴维斯（Russell Davies）、罗伯·福尔沃克（Rob Faure-Walker）、凯瑟琳·布莱登（Katherine Brydan）、卡莉·斯普纳（Cally Spooner）和查理·劳埃德（Charlie Lloyd），他们非常善意地阅读了书稿，并和我交流了很多想法。感谢汤姆·泰勒（Tom Taylor）、本·特雷特（Ben Terret）、克里斯·希斯科特（Chris Heathcote）、汤姆·阿米蒂奇（Tom Armitage）、菲尔·吉福德（Phil Gyford）、爱丽丝·巴特利特（Alice Bartlett）、丹·威廉姆斯（Dan Williams）、纳特·巴克利（Nat Buckley）、马特·琼斯（Matt Jones）和 RIG、BRIG、THFT 及 Shepherdess 的员工们，感谢所有这些交流，也感谢基础设施俱乐部（Infrastructure Club）的所有人。感谢凯文·斯莱文（Kevin Slavin）、黑特·史德耶尔（Hito Steyerl）、苏珊·舒普雷（Susan Schuppli）、特雷弗·帕格林（Trevor Paglen）、凯伦·巴拉德（Karen Barad）、英格丽·布林顿（Ingrid

Burrington）、本·维克斯（Ben Vickers）、杰·斯普林格特（Jay Springett）、乔治·沃斯（George Voss）、托拜厄斯·雷维尔（Tobias Revell）和凯里基·戈尼（Kyriaki Goni），感谢他们的工作和我们之间的交流。感谢卢卡·巴贝尼（Luca Barbeni）、霍诺尔·哈格（Honor Harger）和卡特里娜·斯勒伊斯（Katrina Sluis），感谢他们对我作品的信心。感谢利奥·霍利斯（Leo Hollis）的关心以及韦尔索所有人的帮助。感谢吉娜·法斯（Gina Fass）和希腊罗曼索（Romantso）的所有人，这部作品的大部分是在那里完成，也谢谢利马索尔内米（Neme）的海伦娜·布莱克（Helene Black）和扬尼斯·克莱基斯（Yiannis Colakides），他们帮我渡过了最后几章的难关。谢谢你们，汤姆（Tom）、埃莉诺（Eleanor）、霍华德（Howard）、亚历克斯（Alex），还有我的父母约翰（John）和克莱门希（Clemancy），感谢你们无尽的支持与热情。

注 释

第一章 鸿沟

1. 'The Cloud of Unknowing', 作者匿名，14 世纪。
2. "仅有科学是不够的，仅有宗教是不够的，仅有艺术是不够的，仅有政治和经济是不够的，仅有爱是不够的，仅有责任是不够的，仅有行动也不行，不管多么公正无私，仅有沉思是不够的，不管多么崇高伟大。一个都不能少。"引自 Aldous Huxley, *Island*, New York: Harper & Brothers, 1962。
3. H. P. Lovecraft, 'The Call of Cthulhu', Weird Tales, February 1926.
4. Rebecca Solnit, 'Woolf's Darkness: Embracing the Inexplicable', New Yorker, April 24, 2014, newyorker.com.
5. Donna Haraway, 'Anthropocene, Capitalocene, Chthulucene: Staying with the Trouble' (lecture, 'Anthropocene: Arts of Living on a Damaged Planet' conference, UC Santa Cruz, May 9, 2014), opentranscripts.org.
6. Virginia Woolf, *Three Guineas*, New York: Harvest, 1966.

第二章 计算

1. John Ruskin, *The Storm–Cloud of the Nineteenth Century*: Two Lectures Delivered at the London Institution February 4th and 11th, 1884, London: George Allen, 1884.
2. Ibid.

3. Ibid.

4. 亚历山大·格雷姆·贝尔于 1880 年 2 月 26 日写给父亲亚历山大·梅尔维尔·贝尔，引自 Robert V. Bruce, Bell: *Alexander Graham Bell and the Conquest of Solitude*, Ithaca, NY: Cornell University Press, 1990。

5. 'The Photophone', *New York Times*, August 30, 1880.

6. Oliver M. Ashford, *Prophet or Professor? The Life and Work of Lewis Fry Richardson*, London: Adam Hilger Ltd, 1985.

7. Lewis Fry Richardson, *Weather Prediction by Numerical Process*, Cambridge: Cambridge University Press, 1922.

8. Ibid.

9. Vannevar Bush, 'As We May Think', *Atlantic*, July 1945.

10. Ibid.

11. Ibid.

12. Ibid.

13. Vladimir K. Zworykin, *Outline of Weather Proposal*, Princeton, NJ: RCA Laboratories, October 1945, available at meteohistory.org.

14. As quoted in Freeman Dyson, *Infinite in All Directions*, New York: Harper & Row, 1988.

15. 'Weather to Order', *New York Times*, February 1, 1947.

16. John von Neumann, 'Can We Survive Technology?', *Fortune*, June,1955.

17. Peter Lynch, *The Emergence of Numerical Weather Prediction: Richardson's Dream*, Cambridge: Cambridge University Press, 2006.

18. '50 Years of Army Computing: From ENIAC to MSRC', Army Research Laboratory, Adelphi, MD, November 1996.

19. George W. Platzman, 'The ENIAC Computations of 1950–Gateway to Numerical Weather Prediction', *Bulletin of the American Meteorological Society*, April 1979.

20. Emerson W. Pugh, *Building IBM: Shaping an Industry and Its Technology*, Cambridge, MA: MIT Press, 1955.

21. Herbert R. J. Grosch, *Computer: Bit Slices from A Life*, London: Third Millennium Books, 1991.

22. George Dyson, *Turing's Cathedral: The Origins of the Digital Universe*, New York: Penguin Random House, 2012.

23. IBM Corporation, 'SAGE: The First National Air Defense Network', IBM History, ibm.com.

24. Gary Anthes, 'Sabre Timeline', *Computerworld*, May 21, 2014, computerworld.com.

25. 'Flightradar24.com blocked Aircraft Plane List', Radarspotters, community forum, radarspotters.eu.

26. Federal Aviation Administration, 'Statement by The President Regarding The United States' Decision To Stop Degrading Global Positioning System Accuracy', May 1, 2000, faa.gov.

27. David Hambling, 'Ships fooled in GPS spoofing attack suggest Russian cyberweapon', *New Scientist*, August 10, 2017, newscientist.com.

28. Kevin Rothrock, 'The Kremlin Eats GPS for Breakfast', *Moscow Times*, October 21, 2016, themoscowtimes.com.

29. Chaim Gartenberg, 'This Pokémon Go GPS hack is the most impres-sive yet', *Verge*, Circuit Breaker, July 28, 2016, theverge.com.

30. Rob Kitchin and Martin Dodge, *Code / Space: Software and Everyday Life*, Cambridge, MA: MIT Press, 2011.

31. Brad Stone, 'Amazon Erases Orwell Books From Kindle', *New York Times*, July 17, 2009, nytimes.com.

32. R. Stuart Geiger, 'The Lives of Bots', in Geert Lovink and Nathaniel Tkaz, eds, *Critical Point of View: A Wikipedia Reader*, Institute of Network Cultures, 2011, available at networkcultures.org.

33. Kathleen Mosier, Linda Skitka, Susan Heers, and Mark Burdick, 'Automation Bias: Decision Making and Performance in High– Tech Cockpits', *International Journal of Aviation Psychology* 8:1, 1997, 47–63.

34. 'CVR transcript, Korean Air Flight 007 – 31 Aug 1983', Aviation Safety Network, aviation – safety.net.

35. K. L. Mosier, E. A. Palmer, and A. Degani, 'Electronic Checklists: Implications for Decision Making', Proceedings of the Human Factors Society 36th Annual Meeting, Atlanta, GA, 1992.

36. 'GPS Tracking Disaster: Japanese Tourists Drive Straight into the Pacific', *ABC News*, March 16, 2012, abcnews.go.com.

37. 'Women trust GPS, drive SUV into Mercer Slough', *Seattle Times*, June 15, 2011, seattletimes.com.

38. Greg Milner, 'Death by GPS', *Ars Technica*, June 3, 2016, arstechnica.com.

39. S. T. Fiske and S. E. Taylor, *Social Cognition: From Brains to Culture*, London:

SAGE, 1994.

40. Lewis Fry Richardson, quoted in Ashford, *Prophet or Professor*.

41. Lewis F. Richardson, 'The problem of contiguity: An appendix to Statistics of Deadly Quarrels', in *General systems: Yearbook of the Society for the Advancement of General Systems Theory*, Ann Arbor, MI: The Society for General Systems Research, 1961, 139–87.

第三章　气候

1. 'Trembling tundra– the latest weird phenomenon in Siberia's land of craters', *Siberian Times*, July 20, 2016, siberiantimes.com.

2. US Geological Survey, 'Assessment of Undiscovered Oil and Gas in the Arctic', USGS, 2009, energy.usgs.gov.

3. '40 now hospitalised after anthrax outbreak in Yamal, more than half are children', *Siberian Times*, July 30, 2016, siberiantimes.com.

4. Roni Horn, 'Weather Reports You', Artangel official website, February 15, 2017, artangel.org.uk.

5. 'Immigrants Warmly Welcomed', *Al Jazeera*, July 4, 2006, aljazeera.com.

6. Food and Agriculture Organization of the United Nations, 'Crop biodiversity: use it or lose it', FAO, 2010, fao.org.

7. 'Banking against Doomsday', *Economist*, March 10, 2012, economist.com.

8. Somini Sengupta, 'How a Seed Bank, Almost Lost in Syria's War, Could Help Feed a Warming Planet', *New York Times*, October 12, 2017, nytimes.com.

9. Damian Carrington, 'Arctic stronghold of world's seeds flooded after permafrost melts', *Guardian*, May 19, 2017, theguardian.com.

10. Alex Randall, 'Syria and climate change: did the media get it right?', Climate and Migration Coalition, climatemigration.atavist.com.

11. Jonas Salomonsen, 'Climate change is destroying Greenland's earliest history', *ScienceNordic*, April 10, 2015, sciencenordic.com.

12. J. Hollesen, H. Matthiesen, A. B. Møller, and B. Elberling, 'Permafrost thawing in organic Arctic soils accelerated by ground heat production', *Nature Climate Change* 5:6 (2015), 574–8.

13. Elizabeth Kolbert, 'A Song of Ice', *New Yorker*, October 24, 2016, newyorker.com.

14. Council for Science and Technology, 'A National Infrastructure for the 21st century', 2009, cst.gov.uk.

15. AEA, 'Adapting the ICT Sector to the Impacts of Climate Change', 2010, gov.uk.

16. Council for Science and Technology, 'A National Infrastructure for the 21st century'.

17. AEA, 'Adapting the ICT Sector to the Impacts of Climate Change'.

18. Tom Bawden, 'Global warming: Data centres to consume three times as much energy in next decade, experts warn', *Independent*, January 23, 2016, independent. co.uk.

19. Institute of Energy Economics, 'Japan Long – Term Energy Outlook–A Projection up to 2030 under Environmental Constraints and Changing Energy Markets', Japan, 2006, eneken.ieej.or.jp.

20. Eric Holthaus, 'Bitcoin could cost us our clean– energy future', Grist, December 5, 2017, grist.org.

21. Digital Power Group, 'The Cloud Begins With Coal – Big Data, Big Networks, Big Infrastructure, and Big Power', 2013, tech – pundit.com.

22. Bawden, 'Global warming'.

23. Alice Ross, 'Severe turbulence on Aeroflot flight to Bangkok leaves 27 people injured', *Guardian*, May 1, 2017, theguardian.com.

24. Anna Ledovskikh, 'Accident on board of plane Moscow to Bangkok', YouTube video, May 1, 2017.

25. Aeroflot, 'Doctors Confirm No Passengers Are In Serious Condition After Flight Hits Unexpected Turbulence', May 1, 2017, aeroflot.ru.

26. M. Kumar, 'Passengers, crew injured due to turbulence on MAS flight', *Star of Malaysia*, June 5, 2016, thestar.com.my.

27. Henry McDonald, 'Passenger jet makes emergency landing in Ireland with 16 injured', *Guardian*, August 31, 2016, theguardian.com.

28. National Transportation Safety Board, 'NTSB Identification: DCA98MA015', ntsb. gov.

29. Federal Aviation Administration, FAA Advisory Circular 120 – 88A, 2006.

30. Paul D. Williams & Manoj M. Joshi, 'Intensification of winter transatlantic aviation turbulence in response to climate change', *Nature Climate Change* 3 (2013), 644–8.

31. Wolfgang Tillmans, Concorde, *Cologne*: Walther Konig Books,1997.

32. William B. Gail, 'A New Dark Age Looms', *New York Times*, April 19, 2016,

nytimes.com.

33. Joseph G. Allen, et al., 'Associations of Cognitive Function Scores with Carbon Dioxide, Ventilation, and Volatile Organic Compound Exposures in Office Workers: A Controlled Exposure Study of Green and Conventional Office Environments', *Environmental Health Perspectives* 124 (June 2016), 805–12.

34. Usha Satish, et al., 'Is CO_2 an Indoor Pollutant? Direct Effects of Low – to – Moderate CO_2 Concentrations on Human Decision – Making Performance', *Environmental Health Perspectives* 120:12 (December 2012), 1671–7.

第四章 运算

1. William Gibson, interviewed by David Wallace–Wells, 'William Gibson, The Art of Fiction No. 211', *Paris Review* 197 (Summer 2011).

2. Tim Berners–Lee, 'How the World Wide Web just happened', Do Lectures, 2010, thedolectures.com.

3. 'Cramming more components onto integrated circuits', *Electronics* 38:8 (April 19, 1965).

4. 'Moore's Law at 40', *Economist*, March 23, 2005, economist.com.

5. Chris Anderson, 'End of Theory', *Wired* Magazine, June 23, 2008.

6. Jack W. Scannell, Alex Blanckley, Helen Boldon, and Brian Warrington; Diagnosing the decline in pharmaceutical R&D efficiency', *Nature Reviews Drug Discover* 11 (March 2012), 191–200.

7. Richard Van Noorden, 'Science publishing: The trouble with retractions', *Nature*, October 5, 2011, nature.com.

8. F. C. Fang, and A. Casadevall, 'Retracted Science and the Retraction Index', *Infection and Immunity* 79 (2011), 3855–9.

9. F. C. Fang, R. G. Steen, and A. Casadevall, 'Misconduct accounts for the majority of retracted scientific publications', FAS, October 16, 2012, pnas.org.

10. Daniele Fanelli, 'How Many Scientists Fabricate and Falsify Research? A Systematic Review and Meta–Analysis of Survey Data', *PLOS ONE*, May 29, 2009, *PLOS ONE*, journals.pl.

11. F. C. Fang, R. G. Steen, and A. Casadevall, 'Why Has the Number of Scientific Retractions Increased?', *PLOS ONE*, July 8, 2013, journals.plosone.org.

12. 'People Who Mattered 2014', *Time*, December 2014, time.com.

13. Yudhijit Bhattacharjee, 'The Mind of a Con Man', *New York Times*, April 26, 2013, nytimes.com.

14. Monya Baker, '1,500 scientists lift the lid on reproducibility', *Nature*, May 25, 2016, nature.com。

15. 关于这次实验的更详细的数学运算，见 Jean‒Francois Puget, 'Green dice are loaded (welcome to p‒hacking)', IBM developer‒Works blog entry, March 22, 2016, ibm.com.

16. M. L. Head, et al., 'The Extent and Consequences of P‒Hacking in Science', *PLOS Biology* 13:3 (2015).

17. John P. A. Ioannidis, 'Why Most Published Research Findings Are False', *PLOS ONE*, August 2005.

18. Derek J. de Solla Price, *Little Science, Big Science*, New York: Columbia University Press, 1963.

19. Siebert, Machesky, and Insall, 'Overflow in science and its implications for trust', *eLife* 14 (September 2015), ncbi.nlm.nih.gov.

20. Ibid.

21. Michael Eisen, 'Peer review is f***ed up‒ let's fix it', personal blog entry, October 28, 2011, michaeleisen.org.

22. Emily Singer, 'Biology's big problem: There's too much data to handle', *Wired*, October 11, 2013, wired.com.

23. Lisa Grossman and Maggie McKee, 'Is the LHC throwing away too much data?', *New Scientist*, March 14, 2012, newscientist.com.

24. Jack W. Scannell, et al., 'Diagnosing the decline in pharmaceutical R&D efficiency', *Nature Reviews Drug Discovery* 11 (March 2012) 191–200.

25. Philip Ball, Invisible: *The Dangerous Allure of the Unseen*, London: Bodley Head, 2014.

26. Daniel Clery, 'Secretive fusion company claims reactor break‒through', *Science*, August 24, 2015, sciencemag.org.

27. E. A. Baltz, et al., 'Achievement of Sustained Net Plasma Heating in a Fusion Experiment with the Optometrist Algorithm', *Nature Scientific Reports* 7 (2017), nature.com.

28. Albert van Helden and Thomas Hankins, eds, *Osiris, Volume 9: Instruments*, Chicago: University of Chicago Press, 1994.

第五章 复杂

1. Guy Debord, 'Introduction to a Critique of Urban Geography', *Les Lèvres Nues* 6 (1955), 可在 library.nothingness.org. 获取。

2. James Bridle, The Nor, essay series, 2014–15, 可在 shorttermmemoryloss.com. 获取。

3. Jame Bridle, 'All Cameras are Police Cameras', The Nor, November, 2014.

4. James Bridle, 'Living in the Electromagnetic Spectrum', The Nor, December 2014.

5. Christopher Steiner, 'Wall Street's Speed War', *Forbes*, September 9, 2010, forbes.com.

6. Kevin Fitchard, 'Wall Street gains an edge by trading over micro–waves', *GigaOM*, February 10, 2012, gigaom.com.

7. Luis A. Aguilar, 'Shedding Light on Dark Pools', US Securities and Exchange Commission, November 18, 2015, sec.gov.

8. 'Barclays and Credit Suisse are fined over US "dark pools"', *BBC*, February 1, 2016, bbc.com.

9. Martin Arnold, et al., 'Banks start to drain Barclays dark pool', *Financial Times*, June 26, 2014, ft.com.

10. Care Quality Commission, Hillingdon Hospital report, 2015, cqc.org.uk / location / RAS01.

11. Aneurin Bevan, *In Place of Fear*, London: William Heinemann,1952.

12. Correspondence with Hillingdon Hospital NHS Trust, 2017, whatdotheyknow.com / request / hillingdon_hospital_structure_us.

13. Chloe Mayer, 'England's NHS hospitals and ambulance trusts have £700million deficit', *Sun*, May 23, 2017, thesun.co.uk.

14. Michael Lewis, *Flash Boys*, New York: W. W. Norton & Company,2014.

15. Ibid.

16. 'Forget the 1%', *Economist*, November 6, 2014, economist.com.

17. Thomas Piketty, *Capital in the Twenty–First Century*, Cambridge, MA: Harvard University Press, 2014.

18. Jordan Golson, 'Uber is using in–app podcasts to dissuade Seattle drivers from unionizing', *Verge*, March 14, 2017, theverge.com.

19. Carla Green and Sam Levin, 'Homeless, assaulted, broke: drivers left behind as Uber promises change at the top', *Guardian*, June 17, 2017, theguardian.com.

20. Ben Kentish, 'Hard – pressed Amazon workers in Scotland sleeping in tents near warehouse to save money', *Independent*, December 10, 2016, independent.co.uk.

21. Kate Knibbs, 'Uber Is Faking Us Out With "Ghost Cabs" on Its Passenger Map', *Gizmodo*, July 28, 2015, gizmodo.com.

22. Kashmir Hill, '"God View": Uber Allegedly Stalked Users For Party – Goers' Viewing Pleasure', *Forbes*, October 3, 2014, forbes.com.

23. Julia Carrie Wong, 'Greyball: how Uber used secret software to dodge the law', *Guardian*, March 4, 2017, theguardian.com.

24. Russell Hotten, 'Volkswagen: The scandal explained', *BBC*, December 10, 2015, bbc.com.

25. Guillaume P. Chossière, et al., 'Public health impacts of excess NOx emissions from Volkswagen diesel passenger vehicles in Germany', *Environmental Research Letters* 12 (2017), iopscience.iop.org.

26. Sarah O'Connor, 'When Your Boss Is An Algorithm', *Financial Times*, September 8, 2016, ft.com.

27. Jill Treanor, 'The 2010 "flash crash": how it unfolded', *Guardian*, April 22, 2015, theguardian.com.

28. 'Singapore Exchange regulators change rules following crash', *Singapore News*, August 3, 2014, singaporenews.net.

29. Netty Idayu Ismail and Lillian Karununga, 'Two – Minute Mystery Pound Rout Puts Spotlight on Robot Trades', *Bloomberg*, October 7, 2017, bloomberg.com.

30. John Melloy, 'Mysterious Algorithm Was 4% of Trading Activity Last Week', *CNBC*, October 8, 2012, cnbc.com.

31. Samantha Murphy, 'AP Twitter Hack Falsely Claims Explosions at White House', *Mashable*, April 23, 2013, mashable.com.

32. Bloomberg Economics, @economics, Twitter post, April 23, 2013, 12:23 p.m.

33. 关于彩滋网的更多例子，见 Babak Radboy, 'Spam–erican Apparel', *DIS* magazine, dismagazine.com。

34. Roland Eisenbrand and Scott Peterson, 'This Is The German Company Behind The Nightmarish Phone Cases On Amazon', *OMR*, July 25, 2017, omr.com.

35. Jose Pagliery, 'Man behind "Carry On" T–shirts says company is "dead"', *CNN Money*, March 5, 2013, money.cnn.com.

36. Hito Steyerl and Kate Crawford, 'Data Streams', *New Inquiry*, January 23, 2017, thenewinquiry.com.

37. Ryan Lawler, 'August's Smart Lock Goes On Sale Online And At Apple Retail Stores For $250', *TechCrunch*, October 14, 2014, techcrunch.com.

38. Iain Thomson, 'Firmware update blunder bricks hundreds of home "smart" locks', *Register*, August 11, 2017, theregister. co.uk.

39. John Leyden, 'Samsung smart fridge leaves Gmail logins open to attack', *Register*, August 24, 2017, theregister.co.uk.

40. Timothy J. Seppala, 'Hackers hijack Philips Hue lights with a drone', *Engadget*, November 3, 2016, engadget.com.

41. Lorenzo Franceschi–Bicchierai, 'Blame the Internet of Things for Destroying the Internet Today', *Motherboard*, October 21, 2016, motherboard.vice.com.

42. Yossi Melman, 'Computer Virus in Iran Actually Targeted Larger Nuclear Facility', *Haaretz*, September 28, 2010, haaretz.com.

43. Malcolm Gladwell, 'The Formula', *New Yorker*, October 16, 2006, newyorker.com.

44. Gareth Roberts, 'Tragedy as computer gamer dies after 19– hour session playing World of Warcraft', *Mirror*, March 3, 2015, mirror.co.uk; Kirstie McCrum, 'Tragic teen gamer dies after"playing computer for 22 days in a row"', Mirror, September 3, 2015, mirror.co.uk.

45. 作者与医务人员访谈, Evangelismos Hospital, Athens, Greece, 2016.

46. See, for example, Nick Srnicek and Alex Williams, *Inventing the Future: Postcapitalism and a World Without Work*, London and New York: Verso, 2015.

47. Deborah Cowen, *The Deadly Life of Logistics*, Minneapolis, MN: University of Minnesota Press, 2014.

48. Bernard Stiegler, *Technics and Time 1: The Fault of Epimetheus*, Redwood City, CA: Stanford University Press, 1998; cited in Alexander Galloway,'Brometheanism', *boundary* 2, June 21, 2017, boundary2.org.

第六章 认知

1. Jeff Kaufman, 'Detecting Tanks', blog post, 2015, jefftk.com.

2. 'New Navy Device Learns by Doing', *New York Times*, July 8, 1958.

3. Joaquín M. Fuster, 'Hayek in Today's Cognitive Neuroscience', in Leslie Marsh,

ed., *Hayek in Mind: Hayek's Philosophical Psychology*, Advances in Austrian Economics, volume 15, Emerald Books, 2011.

4. Jay Yarow, 'Google Cofounder Sergey Brin: We Will Make Machines That "Can Reason, Think, And Do Things Better Than We Can"', *Business Insider*, July 6, 2014, businessinsider.com.

5. Quoc V. Le, et al., 'Building High – level Features Using Large Scale Unsupervised Learning', Proceedings of the 29th International Conference on Machine Learning, Edinburgh, Scotland, UK, 2012.

6. Tom Simonite, 'Facebook Creates Software That Matches Faces Almost as Well as You Do', *MIT Technology Review*, March 17, 2014, technologyreview.com.

7. Xiaolin Wu and Xi Zhang, 'Automated Inference on Criminality using Face Images', *ARXIV*, November 2016, arxiv.org.

8. Xiaolin Wu and Xi Zhang, 'Responses to Critiques on Machine Learning of Criminality Perceptions', *ARXIV*, May 2017, arxiv.org.

9. Stephen Wright and Ian Drury, 'How old are they really?', *Daily Mail*, October 19, 2016, dailymail.co.uk.

10. Wu and Zhang, 'Responses to Critiques on Machine Learning'.

11. Wu and Zhang, 'Automated Inference on Criminality using Face Images'.

12. Racist Camera! No, I did not blink . . . I'm just Asian!', blog post, May 2009, jozjozjoz.com.

13. 'HP cameras are racist', YouTube video, username: wzamen01, December 10, 2009.

14. David Smith, '"Racism" of early colour photography explored in art exhibition', *Guardian*, January 25, 2013, theguardian.com.

15. Phillip Martin, 'How A Cambridge Woman's Campaign Against Polaroid Weakened Apartheid', *WGBH News*, December 9, 2013, news.wgbh.org.

16. Hewlett – Packard, 'Global Citizenship Report 2009', hp.com.

17. Trevor Paglen, 're:publica 2017 | Day 3 – Livestream Stage 1 – English', YouTube video, username: re:publica, May 10, 2017.

18. Walter Benjamin, 'Theses on the Philosophy of History', in *Walter Benjamin: Selected Writings*, Volume 4: 1938–1940, Cambridge, MA: Harvard University Press, 2006.

19. PredPol, '5 Common Myths about Predictive Policing', predpol.com.

20. G. O. Mohler, M. B. Short, P. J. Brantingham, et al., 'Self – exciting point process modeling of crime', *JASA* 106 (2011).

21. Daniel Jurafsky and James H. Martin, *Speech and language processing: an introduction to natural language processing, computational linguistics, and speech recognition*, 2nd edition, Upper Saddle River, NJ: Prentice Hall, 2009.

22. Walter Benjamin, 'The Task of the Translator', in *Selected Writings Volume 1 1913–1926*, Marcus Bullock and Michael W. Jennings, eds, Cambridge, MA and London: Belknap Press, 1996.

23. Murat Nemet – Nejat, 'Translation: Contemplating Against the Grain', *Cipher*, 1999, cipherjournal.com.

24. Tim Adams, 'Can Google break the computer language barrier?', *Guardian*, December 19, 2010, theguardian.com.

25. Gideon Lewis – Kraus, 'The Great A.I. Awakening', *New York Times*, December 14, 2016, nytimes.com.

26. Cade Metz, 'How Google's AI viewed the move no human could understand', *Wired*, March 14, 2016, wired.com.

27. Iain M. Banks, *Excession*, London: Orbit Books, 1996.

28. Sanjeev Arora, Yuanzhi Li, Yingyu Liang, et al., 'RAND – WALK: A Latent Variable Model Approach to Word Embeddings', *ARXIV*, February 12, 2015, arxiv.org.

29. Alec Radford, Luke Metz, and Soumith Chintala, 'Unsupervised Representation Learning with Deep Convolutional Generative Adversarial Networks', Nov 19, 2015, *ARXIV*, arxiv.org.

30. Robert Elliott Smith, 'It's Official: AIs are now re – writing history', blog post, October 2014, robertelliottsmith.com.

31. Stephen Levy, 'Inside Deep Dreams: How Google Made Its Computers Go Crazy', *Wired*, November 12, 2015, wired.com.

32. Liat Clark, 'Google's Artificial Brain Learns to Find Cat Videos', *Wired*, June 26, 2012, wired.com.

33. Melvin Johnson, Mike Schuster, Quoc V. Le, et al., 'Google's Multilingual Neural Machine Translation System: Enabling Zero – Shot Translation', *ARXIV*, November 14, 2016, arxiv.org.

34. Martín Abadi and David G. Andersen, 'Learning to Protect Communications with Adversarial Neural Cryptography', *ARXIV*, 2016, arxiv.org.

35. Isaac Asimov, *I, Robot*, New York: Doubleday, 1950.

36. Chris Baraniuk, 'The cyborg chess players that can't be beaten', *BBC Future*,

December 4, 2015, bbc.com.

第七章 共谋

1. Nick Hopkins and Sandra Laville, 'London 2012: MI5 expects wave of terrorism warnings before Olympics', *Guardian*, June 2012, theguardian.com.

2. Jerome Taylor, 'Drones to patrol the skies above Olympic Stadium', *Independent*, November 25, 2011, independent.co.uk.

3. '£13,000 Merseyside Police drone lost as it crashes into River Mersey', *Liverpool Echo*, October 31, 2011, liverpoolecho.co.uk.

4. FOI Request, 'Use of UAVs by the MPS', March 19, 2013, available at whatdotheyknow.com.

5. David Robarge, 'The Glomar Explorer in Film and Print', *Studies in Intelligence* 56:1 (March 2012), 28–9.

6. Quoted in the majority opinion penned by Circuit Judge J. Skelly Wright, Phillippi v. CIA, United States Court of Appeals for the District of Columbia Circuit, 1976.

7. Or see @glomarbot on Twitter, an automated search created by the author.

8. W. Diffie and M. Hellman, 'New directions in cryptography', *IEEE Transactions on Information Theory* 22:6 (1976), 644–54.

9. 'GCHQ trio recognised for key to secure shopping online', BBC News, October 5, 2010, bbc.co.uk.

10. Dan Goodin, 'How the NSA can break trillions of encrypted Web and VPN connections', *Ars Technica*, October 15, 2015, arstechnica.co.uk.

11. Tom Simonite, 'NSA Says It "Must Act Now" Against the Quantum Computing Threat', *Technology Review*, February 3, 2016, technologyreview.com.

12. Rebecca Boyle, 'NASA Adopts Two Spare Spy Telescopes, Each Maybe More Powerful Than Hubble', *Popular Science*, June 5, 2012, popsci.com.

13. Daniel Patrick Moynihan, *Secrecy: The American Experience*, New Haven, CT: Yale University Press, 1998.

14. Zeke Miller, 'JFK Files Release Is Trump's Latest Clash With Spy Agencies', *New York Times*, October 28, 2017, nytimes.com.

15. Ian Cobain, *The History Thieves*, London: Portobello Books, 2016.

16. Ibid.

17. Ibid.
18. Ian Cobain and Richard Norton – Taylor, 'Files on UK role in CIA rendition accidentally destroyed, says minister', *Guardian*, July 9, 2014, theguardian.com.
19. 'Snowden – Interview: Transcript', *NDR*, January 26, 2014, ndr.de.
20. Glyn Moody, 'NSA spied on EU politicians and companies with help from German intelligence', *Ars Technica*, April 24, 2014, arstechnica.com.
21. 'Optic Nerve: millions of Yahoo webcam images intercepted by GCHQ', *Guardian*, February 28, 2014, theguardian.com.
22. 'NSA offers details on "LOVEINT"', *Cnet*, September 27, 2013, cnet.com.
23. Kaspersky Lab, *The Regin Platform: Nation – State Ownage of GSM Networks*, November 24, 2014, available at securelist.com.
24. Ryan Gallagher, 'From Radio to Porn, British Spies Track Web Users' Online Identities', *Intercept*, September 25, 2015, theintercept.com.
25. Andy Greenberg, 'These Are the Emails Snowden Sent to First Introduce His Epic NSA Leaks', *Wired*, October 13, 2014, wired.com.
26. James Risen and Eric Lichtblau, 'Bush Lets U.S. Spy on Callers Without Courts', *New York Times*, December 16, 2005, nytimes.com.
27. James Bamford, 'The NSA Is Building the Country's Biggest Spy Center (Watch What You Say)', *Wired*, March 14, 2012, wired.com.
28. 'Wiretap Whistle – Blower's Account', *Wired*, April 6, 2006, wired.com.
29. 'Obama admits intelligence failures over jet bomb plot', *BBC News*, January 6, 2010, news.bbc.co.uk.
30. Bruce Crumley, 'Flight 253: Too Much Intelligence to Blame?', *Time*, January 7, 2010, time.com.
31. Christopher Drew, 'Military Is Awash in Data From Drones', *New York Times*, January 20, 2010, nytimes.com.
32. 'GCHQ mass spying will "cost lives in Britain", warns ex – NSA tech chief', *The Register*, January 6, 2016, theregister.co.uk.
33. Ellen Nakashima, 'NSA phone record collection does little to prevent terrorist – attacks', *Washington Post*, January 12, 2014, washingtonpost.com.
34. New America Foundation, 'Do NSA's Bulk Surveillance Programs Stop Terrorists?', January 13, 2014, newamerica.org.
35. Jennifer King, Deirdre Mulligan, and Stephen Rafael, 'CITRIS Report: The San Francisco Community Safety Program', UC Berkeley, December 17, 2008,

available at wired.com.

36. K. Pease, 'A Review Of Street Lighting Evaluations: Crime Reduction Effects', *Crime Prevention Studies* 10 (1999).

37. Stephen Atkins, 'The Influence Of Street Lighting On Crime And Fear Of Crime', Crime Prevention Unit Paper 28, UK Home Office, 1991, available at popcenter.org.

38. Julian Assange, 'State and Terrorist Conspiracies', *Cryptome*, November 10, 2006, cryptome.org.

39. Caroline Elkins, *Imperial Reckoning: The Untold Story of Britain's Gulag in Kenya*, New York: Henry Holt and Company, 2005.

40. 'Owners Watched Fort McMurray Home Burn to Ground Over iPhone', YouTube video, username: Storyful News, May 6, 2016.

第八章　阴谋

1. Joseph Heller, *Catch – 22*, New York: Simon & Schuster, 1961.

2. 见 James Bridle, 'Planespotting', blog post, December 18, 2013, booktwo.org, 及该作者的其他报告。

3. 关于这次审判的概况，请见：Kevin Hall, *The ABC Trial* (2006), 最初发表于ukcoldwar.simplenet.com, archived at archive.li/1xfT4。

4. Richard Aldrich, GCHQ: *The Uncensored Story of Britain's Most Secret Intelligence Agency*, New York: HarperPress, 2010.

5. Duncan Campbell, 'GCHQ' (book review), *New Statesman*, June 28, 2010, newstatesman.com.

6. Chris Blackhurst, 'Police robbed of millions in plane fraud', *Independent*, May 19, 1995, independent.co.uk.

7. US Air Force, *Weather as a Force Multiplier: Owning the Weather in 2025*, 1996, csat.au.af.mil.

8. 'Take Ur Power Back!!: Vote to leave the EU', YouTube video, username: Flat Earth Addict, June 21, 2016.

9. 'Nigel Farage's Brexit victory speech in full', *Daily Mirror*, June 24, 2016, mirror.co.uk.

10. Carey Dunne, 'My month with chemtrails conspiracy theorists', *Guardian*, May

2017, theguardian.com.

11. Ibid.

12. International Cloud Atlas, cloudatlas.wmo.int.

13. A. Bows, K. Anderson, and P. Upham, *Aviation and Climate Change: Lessons for European Policy,* New York: Routledge, 2009.

14. Nicola Stuber, Piers Forster, Gaby Rädel, and Keith Shine, 'The importance of the diurnal and annual cycle of air traffic for contrail radiative forcing'*Nature* 441 (June 2006).

15. Patrick Minnis, et al., 'Contrails, Cirrus Trends, and Climate', *Journal of Climate 17* (2006), available at areco.org.

16. Aeschylus, *Prometheus Bound*, c. 430 BC, 477: 'The flight of crook – taloned birds I distinguished clearly – which by nature are auspicious, which sinister.'

17. Susan Schuppli, 'Can the Sun Lie?', in Forensis: *The Architecture of Public Truth*, Forensic Architecture, Berlin: Sternberg Press, 2014, 56–64.

18. Kevin van Paassen, 'New documentary recounts bizarre climate changes seen by Inuit elders', *Globe and Mail*, October 19, 2010, theglobeandmail.com.

19. SpaceWeather.com, Time Machine, conditions for July 2, 2009.

20. Carol Ann Duffy, 'Silver Lining', Sheer Poetry, 2010, available at sheerpoetry. co.uk.

21. Lord Byron, 'Darkness', 1816.

22. Richard Panek, '"The Scream", East of Krakatoa', *New York Times*, February 8, 2004, nytimes.com.

23. Leo Hickman, 'Iceland volcano gives warming world chance to debunk climate sceptic myths', *Guardian*, April 21, 2010, theguardian.com.

24. David Adam, 'Iceland volcano causes fall in carbon emissions as eruption grounds aircraft', *Guardian*, April 19, 2010, theguardian.com.

25. 'Do volcanoes emit more CO_2 than humans?', *Skeptical Science*, skepticalscience. com.

26. J. Pongratz, et al., 'Coupled climate–carbon simulations indicate minor global effects of wars and epidemics on atmospheric CO_2 between AD 800 and 1850', *Holocene* 21:5 (2011).

27. Simon L. Lewis and Mark A. Maslin,'Defining the Anthropocene,'*Nature* 519 (March 2015), nature.com.

28. David J. Travis, Andrew M. Carleton, and Ryan G. Lauritsen, 'Climatology:

Contrails reduce daily temperature range', *Nature* 418 (August 2002), 601.

29. Douglas Hofstader, 'The Paranoid Style in American Politics', *Harper's* magazine, November 1964, harpers.org.

30. Fredric Jameson, 'Cognitive Mapping', in C. Nelson, L. Grossberg, eds, *Marxism and the Interpretation of Culture*, Champaign, IL: University of Illinois Press, 1990.

31. Hofstader, 'The Paranoid Style in American Politics'.

32. Dylan Matthews, 'Donald Trump has tweeted climate change skepticism 115 times. Here's all of it', Vox, June 1, 2017, vox.com.

33. Tim Murphy, 'How Donald Trump Became Conspiracy Theorist in Chief', *Mother Jones*, November / December 2016, motherjones.com.

34. *The Alex Jones Show*, August 11, 2016, available at mediamatters.org.

35. US Air Force, 'Weather as a Force Multiplier'.

36. Mike Jay, *The Influencing Machine: James Tilly Matthews and the Air Loom*, London: Strange Attractor Press, 2012.

37. Edmund Burke, *Reflections on the Revolution in France*, London: James Dodsley, 1790.

38. V. Bell, C. Maiden, A. Munoz – Solomando, and V. Reddy, '"Mind control" experiences on the internet: implications for the psychiatric diagnosis of delusions', *Psychopathology* 39:2 (2006), 87–91.

39. Will Storr, 'Morgellons: A hidden epidemic or mass hysteria?', *Guardian*, May 7, 2011, theguardian.com.

40. Jane O'Brien and Matt Danzico, '"Wi – fi refugees" shelter in West Virginia mountains', *BBC*, September 13, 2011, bbc.co.uk.

41. 'The Extinction of the Grayzone', *Dabiq* 7, February 12, 2015.

42. Murtaza Hussain, 'Islamic State's goal: "Eliminating the Grayzone" of coexistence between Muslims and the West', *Intercept*, November 17, 2015, theintercept.com.

43. Hal Brands, 'Paradoxes of the Gray Zone', Foreign Policy Research Institute, February 5, 2016, fpri.org.

第九章　并发

1. Adrienne Lafrance, 'The Algorithm That Makes Preschoolers Obsessed With YouTube', *Atlantic*, July 25, 2017, theatlantic.com.

2. Paul McCann, 'To Teletubby or not to Teletubby', *Independent*, October 12, 1997, independent.co.uk.

3. Christopher Mims, 'Google: Psy's "Gangnam Style" Has Earned $8 Million On YouTube Alone', *Business Insider*, January 23, 2013, businessinsider.com.

4. 'Top 500 Most Viewed YouTube Channels', SocialBlade, October 2017, socialblade.com.

5. Ben Popper, 'Youtube's Biggest Star Is A 5 – Year – Old That Makes Millions Opening Toys', *Verge*, December 22, 2016, theverge.com.

6. Blu Toys Club Surprise, YouTube channel.

7. Play Go Toys, YouTube channel.

8. Samanth Subramanian, 'The Macedonian Teens Who Mastered Fake News', *Wired*, February 15, 2017, wired.com.

9. 'Finger Family', YouTube video, username: Leehosok, May 25, 2007.

10. Bounce Patrol Kids, YouTube channel.

11. Charleyy Hodson, 'We Need To Talk About Why THIS Creepy AF Video Is Trending On YouTube', *We The Unicorns*, January 19, 2017, wetheunicorns.com.

12. 我在 2017 年 11 月发表了一篇关于此事的文章，在这之后，文章中提到的玩具怪人及其他许多频道都被 YouTube 清理了。但在写作本书时，还能在这个平台上找到很多类似的频道与视频。See 'Children's YouTube is still churning out blood, suicide and cannibalism', *Wired*, 23 March 2018, wired.co.uk.

13. 'Freak Family' Facebook Page, administered by Nguyễn Hùng, facebook.com / touyentb2010.

14. Sapna Maheshwari, 'On YouTube Kids, Startling Videos Slip Past Filters', *New York Times*, November 4, 2017, nytimes.com.

15. David Remnick, 'Obama Reckons with a Trump Presidency', *New Yorker*, November 28, 2016, newyorker.com.

16. Subramanian, 'The Macedonian Teens Who Mastered Fake News'.

17. Lalage Harris, 'Letter from Veles', *Calvert Journal*, 2017, calvertjournal. com.

18. 'The name game', *Economist*, April 2, 2009, economist.com.

19. 'Macedonia police examine death threats over name dispute', *International Herald Tribune*, March 27, 2008, available at archive.li / nkYzJ.

20. Joanna Berendt, 'Macedonia Government Is Blamed for Wiretapping Scandal', *New York Times*, June 21, 2015, nytimes.com.

21. 'Macedonia: Society on Tap', YouTube video, username: Privacy International,

March 29, 2016.

22. YouGov Poll, 'The Times Results EU Referndum 160613', June 13–14, 2016, available at bit.ly/1Ypml3w.

23. Andrew Griffin, 'Brexit supporters urged to take their own pens to polling stations amid fears of MI5 conspiracy', *Independent*, June 23, 2016, independent.co.uk.

24. Carole Cadwalladr, 'The great British Brexit robbery: how our democracy was hijacked', *Guardian*, May 7, 2017, theguardian.com.

25. Carole Cadwalladr, 'Trump, Assange, Bannon, Farage . . . bound together in an unholy alliance', *Guardian*, October 27, 2017, theguardian.com.

26. Robert Booth, Matthew Weaver, Alex Hern, and Shaun Walker, 'Russia used hundreds of fake accounts to tweet about Brexit, data shows', *Guardian*, November 14, 2017, theguardian.com

27. Marco T. Bastos and Dan Mercea, 'The Brexit Botnet and User – Generated Hyperpartisan News', *Social Science Computer Review*, October 10, 2017.

28. Alessandro Bessi and Emilio Ferrara, 'Social bots distort the 2016 U.S. Presidential election online discussion', *First Monday* 21:11 (November 2016), firstmonday.org.

29. Annalee Newitz, 'The Fembots of Ashley Madison', *Gizmodo*, August 27, 2015, gizmodo.com.

第十章 阴云

1. Matthew Holehouse, 'Bilderberg Group 2013: guest list and agenda', *Telegraph*, June 6, 2013, telegraph.co.uk.

2. Eric Schmidt, 'Action This Day – Eric Schmidt, Zeitgeist Europe 2013', YouTube video, username: ZeitgeistMinds, May 20, 2013.

3. Ibid.

4. William Ferroggiaro, 'The U.S. and the Genocide in Rwanda 1994', The National Security Archive, March 24, 2004, nsarchive2.gwu.edu.

5. Russell Smith, 'The impact of hate media in Rwanda', *BBC*, December 3, 2003, news.bbc.co.uk.

6. Keith Harmon Snow, 'Pentagon Satellite Photos: New Revelations Concerning "The Rwandan Genocide"', *Global Research*, April 11, 2012, globalresearch.ca.

7. Keith Harmon Snow, 'Pentagon Produces Satellite Photos Of 1994 Rwanda

Genocide', *Conscious Being*, April 2012, consciousbeingalliance.com.

8. Florence Hartmann and Ed Vulliamy, 'How Britain and the US decided to abandon Srebrenica to its fate', *Observer*, July 4, 2015, theguardian.com.

9. 'Srebrenica: The Days of Slaughter', *New York Times*, October 29, 1995, nytimes. com.

10. Ishaan Tharoor, 'The Destruction of a Nation: Syria's War Revealed in Satellite Imagery', *Time*, March 15, 2013, world.time.com.

11. Samantha Power, 'Bystanders to Genocide', *Atlantic*, September 2001, theatlantic. com.

12. Ofeiba Quist – Arcton, 'Text Messages Used to Incite Violence in Kenya', *NPR*, February 20, 2008, npr.org.

13. Jan H. Pierskalla and Florian M. Hollenbach, 'Technology and Collective Action: The Effect of Cell Phone Coverage on Political Violence in Africa', *American Political Science Review* 107:2 (May 2013).

14 Michael Palmer, 'Data is the New Oil', blog post, ANA, November 2006, ana. blogs.com.

15. 'The world's most valuable resource is no longer oil, but data', *Economist*, May 6, 2017, economist.com.

16. David Reid, 'Mastercard's boss just told a Saudi audience that "data is the new oil"', *CNBC*, October 24, 2017, cnbc.com.

17. Stephen Kerr MP, Kevin Brennan MP, debate on 'Leaving the EU: Data Protection', October 12, 2017, transcript.

18. Palmer, 'Data is the New Oil'.

19. 关于帝国中的分类与强制命名, 详见 James C. Scott, *Seeing Like a State*, New Haven, CT: Yale University Press, 1998。

20. Arundhati Roy, 'The End of Imagination', Guardian, August 1, 1998, theguardian. com.

21. Sandia National Laboratories, 'Expert Judgment on Markers to Deter Inadvertent Human Intrusion into the Waste Isolation Pilot Plant', report, SAND92 – 1382 / UC – 721, page F – 49, available at wipp.energy.gov.

22. And into Eternity . . . *Communication over 10000s of Years: How Will We Tell our Children's Children Where the Nuclear Waste is?*, Zeitschrift für Semiotik (in German), Berlin: DeutschenGesellschaft für Semiotik 6:3 (1984).

23. Michael Madsen, dir., *Into Eternity*, Films Transit International, 2010.

24. See Rocky Flats Nuclear Guardianship project, 'Nuclear Guardianship Ethic statement', 1990, rev. 2011, rockyflatsnuclearguardianship.org.

索引

Z